萨巴厨房®

U0151844

开心健康地减肥
才能恒久坚持

吃饱
才能减肥

萨巴蒂娜◎主编

中国轻工业出版社

初步了解全书

这本书因何而生

"不吃饱哪有力气减肥?"这看似是一句玩笑话,但如果你真的想要减肥,还真的要吃饱,而不是靠饥饿。饥饿减肥法看似简单粗暴见效快,但极易反弹,而且损害身体。问题的关键在于,如何正确地吃饱?这本书会告诉你,让你舒舒服服地打好减肥基础。

这本书都有什么

全书分为早、中、晚餐三个章节,一天的餐食都可以从书中找到参考。吃好早餐,能让你每一天都有一个元气满满的开始;吃好午餐,活力十足;吃好晚餐,轻松简单又不凑合。

看着名字就流口水

烹饪时间、难易程度,清楚明了

品尝菜肴也是有情怀的

南瓜鸡肉肠

—— 金色点缀 ——

🍳 烹饪时间 **40** 分钟
♪ 难易程度 **简单**

鸡肉虽美味,可单调的颜色让它的"颜值"并不怎么高。当把金灿灿的南瓜丝加入鸡肉中,不仅增添了一丝香甜,点点金黄的点缀也让其摇身一变,成了"香肠界"名副其实的颜值担当!

42

计量单位对照表

1 茶匙固体材料 = 5 克
1 茶匙液体材料 = 5 毫升
1 汤匙固体材料 = 15 克
1 汤匙液体材料 = 15 毫升

需要用到的食材
一目了然，要打
有准备的仗

参考热量表，让你
吃得心中有数

主料·鸡胸肉250克·南瓜70克

辅料·淀粉20克·料酒1茶匙
└─ 盐2克·白胡椒粉1克

参考热量	食材	热量（千卡）
	鸡胸肉250克	295
	南瓜70克	16
	淀粉20克	69
	合计	380

做法

详细直观的操作步骤
让你简单上手

1 南瓜洗净，去皮去瓤后用擦丝器擦成细丝待用。

2 鸡胸肉洗净，擦干表面水分，切成小块。

3 将鸡胸肉放入破壁机打成肉泥。

4 将打好的鸡肉泥倒入合适的容器内，加入所有调料和南瓜丝。

5 将鸡肉泥用筷子顺着一个方向搅拌至黏稠状态。

6 将拌好的鸡肉泥装入裱花袋，挤入香肠模具中。

● 营养贴士

鸡胸肉是优质的蛋白质来源，不仅没有多余的脂肪，还含有人体必需的营养素——磷脂，是减脂期非常不错的蛋白质食物。

吃得过瘾，更要吃得
营养健康

7 放入大火烧开的蒸锅中，转中火，蒸20分钟。

8 蒸好后取出，冷却后脱模即可。

 烹饪秘籍

若没有香肠模具，可以用锡纸代替。将锡纸裁成15厘米×20厘米的长方形，将肉泥挤在锡纸上，从一头将锡纸卷起，卷好后将两头拧紧即可。

烹饪秘籍，让你与
美味不再失之交臂

为了确保菜谱的可操作性，本书的每一道菜都经过我们试做、试吃，并且是现场烹饪后直接拍摄的。

本书每道食谱都有步骤图、烹饪秘籍、烹饪难度和烹饪时间的指引，确保你照着图书一步步操作便可以做出好吃的菜肴。但是具体用量和火候的把握也需要你经验的累积。

书中部分菜品图片含有装饰物，不作为必要食材元素出现在菜谱文字中，读者可根据自己的喜好增减。烹饪时间通常不含浸泡、冷藏、腌制的时间，仅供读者制作时参考。

开心健康，才能恒久坚持

作为一个易胖体质的人，我真是有多年的丰富的减肥经验。况且我还热爱学习，热爱实践，因此，市面上的减肥方法，只要是不太伤害身体的，我基本都尝试过。

这么说吧，多年的失败经验告诉我，凡是不能长期坚持下来的减肥方法，统统都是无效的。我曾试过长期控制热量，每天只摄入 500 千卡，加上运动（有意志力更强大的人肯定试过比我还激进的方法），短期是绝对可以瘦的，但时间长了，我的灵魂就被一个永远喂不饱的"巨兽"占据了。

这个"巨兽"便是对食物的渴望。人的意志力在美食面前几乎没有什么抵抗力。果然，和"巨兽"斗争的结果是我落败了，不但体重反弹回来，对美食的渴望更加剧了，而且因为营养不良还导致了皮肤粗糙、掉头发、睡眠质量降低、记忆力下降，我很不快乐！

所以，我决定不能再这样了，我必须要学习另外一种科学的方法，让自己在能吃饱的前提下再考虑减肥！但这个意义上的吃饱，不是大吃特吃，而是要吃得营养、吃得科学，吃饱不是随心所欲，而是在尽量满足自己口腹之欲的同时，挑选对身体有好处的食物。

有的时候，为什么你总想吃东西，其实是因为你的身体没有吃饱。比如你缺乏足够的蛋白质、优质脂肪以及必需的矿物质和维生素，甚至睡眠不够，身体都会给你发出信号让你多吃！

我现在每天的饮食以优质蛋白质、优质脂肪和大量蔬菜为主，终于让我满足了。我每天都精神奕奕，很少有饥饿感，而且体力充沛，睡眠和锻炼的效率也提高了。我已经这样坚持了一年多，收获良多。

因此，我们才有了这本书，在吃饱的前提下能瘦身的方法与食谱都在这本书里。通过阅读这本书，我们希望能给你一些好的启发，最好能帮助你健康地瘦，并能快乐长久地坚持，那就是我们的心愿。

萨巴蒂娜
个人公众订阅号

萨巴小传：本名高欣茹。萨巴蒂娜是当时出道写美食书时用的笔名。曾主编过八十多本畅销美食图书，出版过小说《厨子的故事》，美食散文集《美味关系》。现任"萨巴厨房"主编。

  敬请关注萨巴新浪微博　www.weibo.com/sabadina

目 录

第一章
元气早餐
开启活力满满的一天

三丝鸡蛋饼 18

粉丝鸡蛋饼 20

燕麦鸡蛋花样煎饼 22

野菜玉米蛋饼 26

虾仁土豆饼 28

肉松紫薯蛋卷 30

肉末豆腐脑 36

南瓜鸡肉肠 42

黑椒秋葵厚蛋烧 44

果缤纷开放三明治 56

黑椒牛油果焗蛋 48

双色全麦三明治 52

牛油果思慕雪 57

综合莓果思慕雪 58

坚果芒果思慕雪 59

树莓酸奶燕麦杯 61

鹰嘴豆泥吐司条 66

第二章

能量午餐
工作生活两不误

蒜香鱼柳 72

五彩鱼丁 74

芦笋虾仁炒蛋 78

干煎虾段 82

腰果虾仁 84

孜然鸡丝 85

柠檬烤鸡胸 92

时蔬鸡丝豆皮卷 96

咖喱牛腩 98

牛肉豆皮包 106

竹笋肉丝 110

酱香排骨鹌鹑蛋 114

芋丝肉丸 118

丝滑土豆泥 119

麻辣香煎豆腐 120

茴香豆干 124

香脆玉米烙 126

紫米南瓜肉松饭团 130

第三章

快手晚餐
简单而不凑合

蒜蓉南瓜酿虾滑 134

翡翠虾球 136

椒盐烤多春鱼 143

葱香茼蒿鱼片 144

蒜蓉肥牛卷 150

时蔬焖排骨 152

时蔬鸡肉饼 154

菠菜豆芽鸡柳 156

鸡翅焖锅 158

五彩藜麦甜虾沙拉 162

火龙果龙利鱼沙拉 166

迷迭香烤南瓜 172

肉末浇汁芦笋 174

双彩肉片 176

黑椒烤土豆胡萝卜 182

蒜蓉荷兰豆 184

藜麦火龙果奶昔 189

双色香薯条 178

减肥重要，吃饱更重要

生活一直在变，但减肥的理念却不曾随时间而改变。现如今，合理饮食、控制体重，已经成为人们追求健康生活的方式。

但如果一味地把"降低热量摄入，增加热量消耗"作为减肥的标准，往往就会在减肥的过程中走入一个饮食误区：以为只有少吃或不吃才能实现降低热量摄入的目的。

然而，这样只会让身体长期处于饥饿状态，在饥饿危机中，反而会促使我们的身体抓住一切可能的机会，发挥所有潜能来吸收热量，最终导致热量的过量摄入，超过人体所需的热量，成为囤积的脂肪。

如何科学地吃饱

"吃饱"并不是简单意义上的填饱肚子。那种胡吃海喝，把食物塞满整个胃，吃东西吃到撑的做法，只能带来片刻的食欲满足，并不会得到持久的饱腹感。

合理安排膳食，遵循科学的饮食搭配，不仅可以使每一餐都吃得饱饱的，还能让你获得长久的饱腹感。有效地降低热量的摄入，才是减肥的前提，更是健康的关键。

这似乎也应了那句大家都心照不宣的玩笑话："吃饱才能减肥啊！"

增强饱腹感的意义

饱腹感，顾名思义，就是进食后产生的不再需要继续进食的感觉。

以健康为前提的吃饱，应该是选择具有持久饱腹感的食物。我们吃进去的食物在身体里消化的时间越长，饥饿感就会来得越慢。富含膳食纤维、蛋白质和优质脂肪的食物，消化需要的时间比较长，也就能带来较为持久的饱腹感。

碳水化合物、蛋白质、脂肪是满足身体机能正常运转的三大营养素，三者合理的配比能让我们在低热量摄入的情况下，确保食物的多样性和营养的全面性。

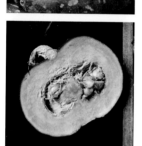

碳水化合物

碳水化合物是维持生命活动，为机体提供能量的主要来源。简单来说就是我们日常饮食中的主食，如米饭、馒头、面条、面包等。

碳水化合物经过消化，最终分解成糖原，那些没有被身体消耗的糖原会被储存起来。过量的糖原堆积，将会以脂肪的形式囤积，这便是肥胖的原因。

但这并不都是碳水化合物的罪过。摄入过多，造成糖原摄入量远大于身体所需，才是脂肪堆积、造成肥胖的原因。

减肥期的碳水化合物应选择含有丰富膳食纤维的天然食材，比如土豆、红薯、紫薯、南瓜以及糙米、燕麦等谷物，它们虽然都属于富碳水类食物，但因其中膳食纤维的含量远高于精制的大米和面粉，食用后的消化过程要长得多，因此能有效地延缓饥饿感的到来。同时，这些食材没有经过深加工，营养成分保留较全面，其营养密度要远大于精米精面等精制碳水化合物。

蛋白质

蛋白质是构成所有生命体的基本物质，它不仅是细胞的重要组成部分，也是人体组织更新和修复的原料。作为三大营养素之一，蛋白质也能为身体提供充足的能量来源，再加上蛋白质是大分子，消化所需的时间更长。因此，食用富含蛋白质的食物后，会带来更加持久的饱腹感。

蛋白质是制造肌肉的原材料，多吃富含蛋白质的食物有利于在减肥期间增加身体的肌肉含量。机体肌肉量越多，所需要的基础代谢的能量也就越大，从而让你的减肥事业一直处于积极的相互作用中。

脂肪

脂肪，看起来是减肥的大敌，以至于很多人在减肥期内完全避免摄入脂肪，这其实并不科学。脂肪作为身体必需的三大营养素之一，除了为身体提供能量，还在维持体温、保护脏器等方面起着重要的作用。

脂肪的消化过程更缓慢，因此也能够带来最为持久的饱腹感。特别是对于脂溶性维生素 A、维生素 D、维生素 E、维生素 K 等，脂肪都是促进其吸收所必不可少的要素。对于女性而言，合理摄入脂肪更加重要，女性的生理周期、皮肤弹性、发质都和脂肪有着密切的关系。

挑选合适的食材

　　如何做到吃得饱还热量低？简单来说就是在日常饮食中做到：高蛋白、低碳水、合理摄入脂肪，这才是健康减肥的前提。

谷薯类食物

　　碳水化合物虽然不是导致肥胖的直接诱因，但由于精致的米面制品消化过快，可能造成一次摄入太多，最终造成脂肪的堆积。

　　那么，应该怎样选择主食类的食材呢？最简单的方法其实就是选择我们常说的"粗粮"，如糙米、燕麦、藜麦等，这些谷物没有经过脱壳、抛光，不仅消化的时间远高于大米，营养成分也保留得更为全面。

　　土豆、南瓜、红薯等虽然都富含淀粉，却因为含有较多的膳食纤维，不仅增加了食用后的饱腹感，还能有效促进肠胃蠕动，缓解便秘等肠胃不适症状。

富含优质蛋白质的食物

　　蛋白质对于减肥的重要性已经不言而喻。在以健康为前提的饮食目标下，应确保每一餐都摄入足够的蛋白质。

　　我们日常摄入的食物中，蛋白质主要分为动物蛋白和植物蛋白，这些蛋白质广泛存在于大部分食物中。为了满足在摄入量较少的前提下补充足够的蛋白质，每餐中应该选择蛋白质含量较高的食物。

富含优质蛋白质的食物

- 富含动物蛋白的食材
  1. 畜肉及其副产品，如牛肉、羊肉、猪肉以及牛奶、羊奶、马奶等。
  2. 禽肉及其副产品，如鸡肉、鸭肉、鹅肉以及鸡蛋、鸭蛋、鹌鹑蛋等。
  3. 水产品及海产品，如鱼肉、虾肉、蟹肉等。

- 富含植物蛋白的食材
  1. 各种豆类，如黄豆、黑豆、青豆、鹰嘴豆等。
  2. 各种坚果，如核桃、腰果、杏仁、松子、芝麻等。

被忽视的脂肪类食物

随着人们健康观念的增强，大家往往对脂肪谈之色变。除去因为疾病或身体原因需要忌口的人群，对于健康的普通人，特别是将减肥作为自己目标的人群，脂肪其实是日常饮食中最不应被忽视的部分。

要让脂肪不仅补充日常能量，还能发挥出最大的减肥作用，是有一些原则可循的。

1. 日常饮食中可以选择肥瘦相间的肉类，做成肉馅后再烹饪，这样不仅口感更好，可制作的菜式也更多。

2. 不必刻意选择脱脂乳制品，可定期食用浓缩的乳制品，如奶酪等。烹饪中的油脂不可随意省略，油脂的加入不仅让菜肴更加美味，也利于脂溶性维生素的吸收和利用。

如何科学地做饭

掌握了食材挑选的原则，就到了具体的烹饪环节。选对了食材虽然已经成功了一半，但如果在烹饪过程中没有用对方法，也会事倍功半。很多时候不是食材的热量太高，而是因为错误的烹饪方式导致其热量飙升，进而导致摄入量的增加。

选择健康的烹饪方式

1. 尽量少用或不用油炸的烹饪方式，可以改用煎、烤等方式来烹饪，这样做可以获得相似的口感，油脂的含量却低得多。

2. 多用蒸、煮等烹饪方式，这样可以更全面地保留食材的营养，味道更加清淡，减少肠胃的负担，也利于吸收。

3. 选择多样的烹饪工具来减少油脂的使用量，如空气炸锅、电饼铛、不粘锅等。

减少糖分的额外摄入

人类天生对糖敏感，也有着天生的嗜糖性。高糖饮食给身体带来的影响很多，对减肥也极不友好。合格的减肥餐对于糖的添加有着严格的要求，并不需要再额外加入糖及其替代物。

在具体的搭配过程中，我们可以选择含有糖分的天然食材来改善口味：

1. 将各种水果融入菜肴中，不仅可以丰富菜品的色彩，还能获得特殊的口味。

2. 可以选择本身带有甜味的蔬菜，如南瓜、紫薯、红薯、胡萝卜、甜椒等。

第一章

元气早餐
开启活力满满的一天

双色蔬菜蛋饼

好看又营养

烹饪时间 20 分钟
难易程度 简单

一红一绿、一软一硬，两种不一样的蔬菜同时遇上鸡蛋，会有怎样的故事？随着蛋液的凝固，漂亮的颜色便固定在了金黄的蛋饼中，切片装盘，每一片都像极了春天里的风景画，好看又美味！

主料－胡萝卜50克・菠菜80克
　　└─鸡蛋2个（约100克）

辅料－盐2克・植物油2茶匙
　　└─番茄沙司适量

做法

1 胡萝卜、菠菜分别洗净，沥干水分。

2 胡萝卜切成小块，用料理机打成碎末。

3 将菠菜放入烧开的水中，焯30秒后捞出，沥干水分。

4 待菠菜冷却后，用手挤去多余水分，切成碎末。

5 鸡蛋磕入碗中，加入盐、胡萝卜碎和菠菜碎，搅拌均匀。

6 平底锅内加入植物油，烧至五成热时，倒入蛋液，并转动锅把，令蛋液均匀布满整个锅底。

7 转小火并盖上锅盖，待表面蛋液凝固后，小心地用锅铲将蛋饼翻面，煎至两面金黄。

8 将煎好的蛋饼盛出，切片，均匀地码放在盘子里，表面挤上番茄沙司点缀即可。

• 营养贴士

菠菜含有丰富的营养素，素有"营养模范生"的称号，特别是菠菜色泽鲜艳，可以作为天然色素添加到各类面食中。

┤ 烹饪秘籍 ├

1. 挑选菠菜时要选择鲜嫩的，红色根部短小，茎部结实，叶片边缘整齐、大且肥厚的菠菜比较好。

2. 焯水后的菠菜，要放入冷水中浸泡冷却，这样做可以保持其鲜艳的色泽和爽脆的口感。

三丝鸡蛋饼

―――――― 丰富的色彩 ――――――

烹饪时间 20 分钟
难易程度 简单

三种蔬菜丝带来三种不同的色彩，包裹在金黄色的蛋皮中，这便是开启美好一天的彩色钥匙。早餐作为三餐中不可缺少的存在，一定要吃得营养又健康，除此之外，搭配好食材的颜色会让你的早餐更加秀色可餐。

主料－黄瓜半根（约60克）•胡萝卜50克
└─ 绿豆芽50克•鸡蛋2个（约100克）

辅料－小葱5克•盐2克•黑胡椒粉1克
└─ 植物油3茶匙

参考 ─ 食材 ·················· 热量（千卡）
热量
　　黄瓜60克 ······················ 10
　　胡萝卜50克 ····················· 16
　　绿豆芽50克 ······················ 8
　　鸡蛋100克 ···················· 139
　　植物油15毫升 ················· 124
　└─ 合计 ······················· 297

做法

1 黄瓜、胡萝卜、绿豆芽、小葱分别洗净，沥干水分。

2 黄瓜、胡萝卜切成细丝，小葱切成葱花。

3 鸡蛋磕入碗中，加入盐和葱花，搅拌成均匀的蛋液。

4 平底锅中先加入2茶匙植物油，烧至五成热时倒入蛋液，煎至两面金黄，摊成蛋饼盛出待用。

5 平底锅中加入剩余的1茶匙植物油，烧至五成热时先放入胡萝卜丝，再放入绿豆芽，最后放入黄瓜丝，翻炒1分钟后加入黑胡椒粉拌匀。

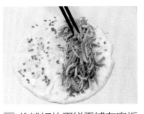

6 将摊好的蛋饼平铺在案板上，铺上炒好的三丝。

7 从蛋饼的一头卷起，卷好后将收口朝下，切成两半装盘即可。

● 营养贴士

小葱的葱白少，味道温和，是烹饪中常用的香辛料，在增香除腥的同时还能够有效促进消化，增强食欲。

─┤ 🍲 烹饪秘籍 ├─

选购黄瓜时要挑选颜色翠绿、粗细均匀、手感硬实的，用手指轻掐黄瓜，手感脆嫩，有水分流出的说明比较鲜嫩。

粉丝鸡蛋饼

—— 创新吃法 ——

⏳ 烹饪时间 **10** 分钟

🥄 难易程度 **简单**

粉丝虽好吃，但不是出现在凉拌菜里，就是出现在火锅里，其他时候似乎没什么存在感；而单调的鸡蛋饼也会让人觉得每一天的早餐都千篇一律。如果你也有同感，不妨换个吃法吧，也许你能尝到不一样的美味。

主料-泡发粉丝50克 • 鸡蛋2个（约100克）

辅料-白胡椒粉1克 • 盐2克 • 葱花10克
└─植物油2茶匙

参考热量-食材	热量（千卡）
泡发粉丝50克	66
鸡蛋100克	139
植物油10毫升	83
合计	288

做法

1 将泡发的粉丝沥干水分后切碎。

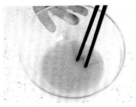

2 鸡蛋磕入碗中，加入白胡椒粉、盐，打散并搅拌均匀。

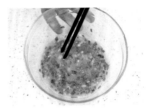

3 将打好的蛋液倒入粉丝碎中，加入葱花后拌匀。

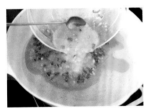

4 平底锅中加入植物油，烧至五成热，倒入拌好的蛋液。

5 转小火，盖上锅盖，待表面蛋液凝固。

6 用锅铲小心地将蛋饼翻面，将两面煎至金黄。

7 将煎好的蛋饼切块装盘即可。

• 营养贴士

粉丝是由淀粉制成的，主要成分为碳水化合物，在搭配食材时要注意尽量搭配富含膳食纤维的蔬菜，确保营养摄入均衡。

┤ 烹饪秘籍 ├

购买粉丝时要注意查看成分表，由绿豆制成的粉丝品质最好，口感细腻，水煮不易烂。食用粉丝前用冷水浸泡至柔软即可。

燕麦鸡蛋花样煎饼

🕙 烹饪时间 **20**分钟
🎯 难易程度 **简单**

———— 鲜美有嚼劲 ————

燕麦片能有效增加饱腹感，是减肥期很好的主食替代品。如果你也想把燕麦片做得更好吃，那就快来试试这款快手又简单的燕麦鸡蛋饼吧。燕麦片让鸡蛋饼更有嚼劲，蛋液让燕麦更加软糯，这便是食材的完美结合。

主料－鸡蛋2个（约100克）
　　└即食燕麦片100克

辅料－海苔碎5克 • 葱花10克 • 盐2克
　　　白胡椒粉1克 • 黑芝麻适量
　　└植物油2茶匙

参考热量	食材 ……………………… 热量（千卡）
	鸡蛋100克…………………………139
	即食燕麦片100克…………………338
	海苔碎5克……………………………14
	植物油10毫升………………………83
	合计……………………………………574

做法

1 鸡蛋磕入碗中，加入盐、白胡椒粉，搅打成均匀的蛋液。

2 在蛋液中加入即食燕麦片、海苔碎、葱花，搅拌均匀。

3 电饼铛提前预热，均匀地刷上植物油。

4 舀一勺拌好的燕麦鸡蛋糊，在电饼铛中摊成圆饼，在表面点缀上黑芝麻。

5 盖上电饼铛上盖，将饼的两面煎至金黄即可。

• 营养贴士

芝麻虽小却营养丰富，其中的亚油酸能够起到调节胆固醇的作用，维生素E还能改善肤质。不过芝麻中含有大量的脂肪，应尽量作为铺料添加到食谱中，以免过量摄入。

烹饪秘籍

海苔极易受潮，保存时要格外注意，需要在干燥的环境中密封保存。如果海苔已经受潮变软，可以放入烤箱，低温烘烤几分钟即可。

胡萝卜燕麦鸡蛋饼

⏳ 烹饪时间 **20** 分钟
🌙 难易程度 **简单**

—————— **早餐新搭配** ——————

鸡蛋作为早餐中出镜率极高的食材，要有足够多的变化才能让每一天的早餐都不再只是机械地重复。你可以在蛋液中加入任何你想吃的食材，做一道属于你自己的鸡蛋饼吧！

主料－鸡蛋2个（约100克）
└─ 即食燕麦片100克 • 胡萝卜50克

辅料－盐2克 • 植物油1汤匙

做法

1 胡萝卜洗净，沥干水分，用料理机切碎待用。

2 鸡蛋磕入碗中，加入即食燕麦片、胡萝卜碎、盐，搅拌均匀。

● 营养贴士

燕麦片是燕麦去壳后碾压成片制成的。燕麦片未经过精加工，其营养成分保留得较完全，特别是膳食纤维的含量很高，因此有很强的饱腹感，还能促进消化，减少便秘的发生。

3 不粘锅中倒入植物油，烧至五成热，舀一勺拌好的鸡蛋糊铺入锅中。

4 转小火，煎1分钟后翻面，再煎1分钟即可。

─┤ 烹饪秘籍 ├─

胡萝卜素是一种脂溶性维生素，烹饪胡萝卜时应搭配油脂才更利于营养的吸收。胡萝卜可以炒着吃，也可以搭配肉类食用。

野菜玉米蛋饼

应季尝鲜

生活的富裕和物质的丰富，反而让如今的人们更怀念曾经的粗茶淡饭，野菜和杂粮也逐渐成为大家餐桌上的新宠，这不单单是"忆苦思甜"，更是对健康生活的追求。从今天开始，把健康带入每一餐吧！

主料－荠菜100克 • 玉米粒50克 • 鸡蛋2个

辅料－盐2克 • 植物油2茶匙

做法

1 荠菜洗净，放入烧开的水中焯1分钟后捞出冷却。

2 用手挤去荠菜的水分后切成碎末。

3 鸡蛋磕入碗中，加入盐、荠菜碎、玉米粒，搅拌均匀。

4 平底锅中加入植物油，烧至五成热时倒入蛋液。

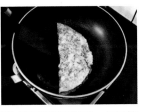

5 待蛋液稍稍凝固，用锅铲将蛋饼从一端掀起，朝另一端对折。

6 每面煎1分钟左右，煎至两面金黄即可。

烹饪秘籍

1. 野菜的种类有很多，不必拘泥于配方中的品种，可以根据季节和地域选择时令野菜来制作。

2. 使用生玉米粒的话，烹饪前也需焯水1分钟，以免煎蛋时熟不透。

营养贴士

玉米的营养成分比较全面，含有人体所需的蛋白质、脂肪、糖类这三大营养物质，同时富含维生素和膳食纤维，非常适合减脂期时食用。

虾仁土豆饼

—— 内有乾坤 ——

烹饪时间 40 分钟

难易程度 简单

想吃香酥的土豆，并非只有薯条一种选择，只要足够有心，平凡的土豆也能有无穷的变化。用细滑的土豆泥包上虾仁，再煎成金黄的土豆饼，就是一道能量满满，又富含蛋白质的早餐啦！

主料－土豆300克 • 虾仁50克

辅料－鸡蛋1个 • 淀粉50克 • 黑胡椒粉2克
　　└ 盐2克 • 植物油1茶匙

参考热量－食材 …………… 热量（千卡）
　　　　　土豆300克 …………… 243
　　　　　虾仁50克 …………… 47
　　　　　鸡蛋50克 …………… 70
　　　　　淀粉50克 …………… 173
　　　　　植物油5毫升 …………… 41
　　　　　└ 合计 …………… 574

做法

1 土豆洗净后去皮，切成薄片，放入烧开的蒸锅中蒸25分钟后取出凉凉。

2 虾仁提前解冻并洗净，用厨房纸擦干水分待用。

3 将冷却后的土豆片放入大碗中，用压泥器压成土豆泥。

4 在土豆泥中加入鸡蛋、淀粉、黑胡椒粉和盐，用手抓匀，拌成均匀的土豆泥。

5 取50克左右的土豆泥，用手掌压平，在其中放一枚虾仁。

6 包好，团成球形后再压成饼状。

7 电饼铛内刷一层薄薄的油，将土豆饼放入其中。

8 盖上盖，将土豆饼煎至两面金黄即可。

• 营养贴士

土豆富含淀粉，100克土豆就可以给身体提供75千卡的热量，但这种淀粉的消化吸收很缓慢，食用后会有较强的饱腹感，从而具有减肥的功效。

┤ 烹饪秘籍 ├

土豆在温暖的季节里容易出芽，出芽后的土豆会产生毒素，不能继续食用，因此每次采购时应适量购买，不要贪多。已经出芽的土豆可以切成小块种在花盆里，待其长出绿叶后当作盆栽也是不错的选择。

肉松紫薯蛋卷

―――― 可甜可咸 ――――

烹饪时间 **35** 分钟

难易程度 **简单**

千篇一律的蒸蛋、煮蛋、煎蛋，是否让你的早餐少了些变化？其实，只要增加一点点配料，普通的鸡蛋也能变换出各种美味，让你的早餐不再重样！

主料 - 鸡蛋2个（约100克）• 紫薯200克

辅料 - 猪肉松20克 • 小葱5克 • 盐2克
└── 牛奶50毫升 • 植物油2茶匙

参考热量	食材	热量（千卡）
	鸡蛋100克	139
	紫薯200克	266
	猪肉松20克	63
	牛奶50毫升	33
	植物油10毫升	83
	合计	584

做法

1 紫薯洗净去皮，切成薄片；小葱洗净，切成葱花。

2 将紫薯放入烧开的蒸锅内，蒸25分钟后取出凉凉。

3 将冷却至不烫手的紫薯放入料理机，加入牛奶，打成细腻的紫薯泥。

4 鸡蛋磕入碗中，加入盐、葱花，搅拌成均匀的蛋液。

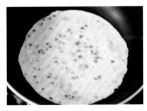

5 平底锅中加入植物油，烧至五成热时倒入蛋液；将蛋液铺满整个锅底，煎至两面金黄。

6 将煎好的蛋饼盛出，铺在案板上，将紫薯泥均匀地抹在蛋饼上。

7 撒上猪肉松，将其从一端卷起。

8 将卷好的蛋卷收口朝下，用刀切成小段，装盘即可。

• 营养贴士

猪肉松为脱水的加工肉制品，在制作过程中添加了盐、糖、酱油等调味料，所以肉松中的钠离子、碳水化合物的含量都要高于猪肉，添加了肉松的食谱中可以酌情减少盐的用量。

─ 烹饪秘籍 ├

1. 购买市售肉松的时候要注意查看产品配料表，要选择配料为纯肉的肉松。另一个重要的挑选原则就是看价格，价格太便宜的往往不是纯肉制品。

2. 还可以通过肉松的形态来选择，含有油脂、粉类等的肉粉松、油酥肉松，形态多为球状、粉状，吃起来有酥脆感。而形态呈絮状、纤维较长、柔软蓬松的"太仓式肉松"没有过多的添加剂，吃起来更加健康。

虾仁牛奶蛋羹

—— 经典早餐 ——

作为经典的早餐之一，蒸蛋羹大概是每个人从小吃到大的吧？蒸蛋羹看起来平平无奇，但要做出一碗平整、细腻、无气孔的蛋羹，却还是有些难度的。那么，不妨从今天开始，让我们试着来做一碗完美的蒸蛋羹吧！

主料－鸡蛋2个（约100克）•牛奶150毫升

辅料－虾仁2个（约10克）•生抽2茶匙
└─ 小葱1克

做法

1 虾仁提前解冻，洗净后沥干水分；小葱洗净并沥干水分，切成葱花待用。

2 鸡蛋磕入碗中，加入牛奶，搅拌成均匀的蛋液。

3 将搅拌好的蛋液过筛两次。

4 将过筛后的蛋液倒入两个蒸蛋盅里。

5 蒸锅大火烧开后转调至小火，放入蒸蛋盅，盖上锅盖，蒸8分钟。

6 待蛋液凝固后，打开锅盖，将虾仁放在蛋羹上。

7 盖上锅盖，继续蒸2分钟，关火后闷2分钟再取出。

8 最后淋上生抽，撒上葱花即可。

● 营养贴士

鸡蛋是极易获取的食材之一，其中的蛋白质、不饱和脂肪酸都非常容易被人体吸收。鸡蛋虽然营养丰富，每日也不应摄入过多，每日食用量不应超过2个，以免造成消化不良。

|—— 🍲 烹饪秘籍 |——

1. 蒸蛋羹的时间根据盛装容器的深度不同而不同，通常需要7~12分钟。大而浅的容器，蒸蛋时间可以酌情减少，小而深的容器，蒸蛋时间则需要适当延长。

2. 使用蒸锅蒸蛋羹时，锅盖上的水汽会滴落在蛋羹上影响口感，可以选择有盖的容器或者使用耐热保鲜膜覆住表面。

香菇豆腐蛋羹

—— 风味独特 ——

烹饪时间 25 分钟

难易程度 简单

蒸蛋羹虽好吃，但一成不变的做法难免让人日久生厌。制作时加入豆腐，最后再浇上香浓的香菇肉臊，蛋羹依旧有着嫩滑的口感，却多了豆香和肉香，这便是两种优质蛋白质的完美结合吧！

主料－内酯豆腐100克 • 鸡蛋2个（约100克）
　　└─ 鲜香菇30克 • 猪肉末30克

辅料－生抽1汤匙 • 白胡椒粉1克
　　　植物油2茶匙 • 料酒1汤匙
　　└─ 姜末2克 • 葱花5克

参考热量－食材	热量（千卡）
内酯豆腐100克	50
鸡蛋100克	139
鲜香菇30克	8
猪肉末30克	119
植物油10毫升	83
合计	399

做法

1 内酯豆腐放入碗中，用勺子背压成碎末，香菇切成末待用。

2 鸡蛋磕入碗中，加入白胡椒粉，搅拌均匀。

3 将搅拌好蛋液倒入豆腐碎中拌匀。

4 将拌好的豆腐蛋液倒入深盘中，放入烧开的蒸锅里，小火蒸8分钟。

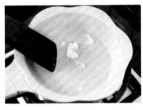

5 锅内加入植物油，烧至五成热，下入姜末爆香。

6 再下入猪肉末，翻炒至变色后加入料酒。

7 下入香菇末炒香，加入生抽和100毫升清水，大火烧开。

8 将烧开的香菇肉臊浇在豆腐蛋羹上，撒上葱花即可。

• 营养贴士

豆腐中富含植物蛋白及钙质，不含胆固醇，被誉为"植物肉"，是优质的植物蛋白来源，多食豆制品对女性有一定的保健作用。

烹饪秘籍

挑选新鲜香菇时，要选择菌盖圆润完整、肉质肥厚、厚度一致的，背面的白色菌褶整齐无破损，菌柄粗短新鲜，大小均匀，闻起来有淡淡香味的。

肉末豆腐脑

—— 国民早餐 ——

烹饪时间 25 分钟

难易程度 简单

作为"国民早餐"的豆腐脑，其实不必非要早起跑到早点摊购买，自己在家就能用熟悉的食材，简单的步骤，轻松复刻出一碗热气腾腾的豆腐脑，快来试试吧！

主料－内酯豆腐200克 • 猪肉末100克

辅料－植物油2茶匙 • 料酒1汤匙 • 盐1克
　　┌白胡椒粉1克 • 酱油2汤匙 • 黄豆10克
　　└葱花2克

参考热量	食材 ················· 热量（千卡）
	内酯豆腐200克 ·············100
	猪肉末100克 ···············395
	植物油10毫升 ···············83
	黄豆10克 ··················39
	合计 ·······················617

做法

1 黄豆提前泡发并煮熟，煮好后盛出，冷却待用。

2 猪肉末中加入料酒、盐、白胡椒粉，拌匀后腌15分钟。

3 内酯豆腐用勺子一勺一勺挖出，放入烧开的水中焯1分钟。

4 将锅里的水倒出，将焯好水的豆腐小心地倒入碗中。

5 炒锅内加入植物油，烧至五成热时，放入腌好的猪肉馅，炒至猪肉变色，炒出香味。

6 加入酱油和300毫升清水，煮开后关火。

7 将煮好的肉末汁浇在内酯豆腐上，撒上煮熟的黄豆和葱花即可。

● 营养贴士

内酯豆腐跟普通豆腐一样，富含蛋白质、脂肪和碳水化合物，但由于内酯豆腐的含水量大，豆浆里的可溶性成分流失少，所以营养成分保留也较完全。

┤ 烹饪秘籍 ├

猪肉末尽量选择肥瘦相间的，这样做出来味道比较香，也可以选择牛肉末或者猪肉末、牛肉末各半的搭配，不同的肉末会带来完全不同的风味。

豆浆山药糊

暖心又暖胃

烹饪时间 35 分钟

难易程度 简单

豆浆作为国人最爱的早餐饮品之一，其营养和口味一点也不逊色于牛奶。不过纯豆浆总是难免会有些豆腥味，怎样才能让豆浆有更好的口味呢？不妨试着加入一些香甜的山药吧，这将会带给你一种全新的体验！

主料-黄豆80克

辅料-山药150克

参考 热量	食材 ·················	热量（千卡）
	黄豆80克 ·············	312
	山药150克 ·············	86
	合计 ·················	398

做法

1 黄豆洗净，沥干水分。

2 山药洗净去皮，切成小块。

• 营养贴士

黄豆中的蛋白质含量远高于猪肉和鸡蛋，成分也与动物蛋白比较相似，更易于人体消化吸收。此外，多喝豆浆还能获得更多的膳食纤维。

3 将黄豆、山药块放入破壁机，加入800毫升清水。

4 开启豆浆模式，打成豆浆即可。

烹饪秘籍

市面上常见的山药有怀山药和淮山药，仅一字之差，却是两种截然不同的山药。怀山药即铁棍山药，主要产自河南，属于药食同源的食材，适合蒸煮后食用，口感沙、水分少；淮山药即俗称的菜山药，多产自南方，适合炒菜，做熟后仍能保持爽脆的口感。

五彩紫薯沙拉

—— 缤纷色彩 ——

烹饪时间 **35** 分钟

难易程度 **简单**

凑齐五种颜色的沙拉，让早晨的餐桌上也有了一抹缤纷的色彩。蔬菜、水果、蛋白质和碳水统统都有了，吃饱吃好的同时还能让你有一个好心情。从现在起，就让每一天都有个漂亮的开始吧！

主料-紫薯150克•鸡蛋1个•胡萝卜30克
└─黄瓜30克•蓝莓20克

辅料-柠檬半个•黑胡椒碎适量

做法

1 紫薯、鸡蛋洗净外皮，先将紫薯放入烧开的蒸锅，蒸15分钟后再放入鸡蛋，继续蒸10分钟，之后取出冷却。

2 胡萝卜、黄瓜、蓝莓分别洗净后沥干水分；胡萝卜和黄瓜切成小丁，蓝莓对半切开。

3 将冷却好的紫薯去皮，切成小丁，鸡蛋剥皮后切成片。

4 将切好的蔬菜丁、紫薯丁、蓝莓放入大碗中，挤入半个柠檬的汁，拌匀。

5 将切好的鸡蛋片铺在拌好的沙拉上，撒上黑胡椒碎即可。

• 营养贴士

除了具有普通红薯的营养价值外，紫薯还富含花青素及硒、铁等矿物质元素，具有抗氧化、增强免疫力的功效。此外，紫薯含有丰富的膳食纤维，能增加饱腹感，是非常适合减肥期的主食。

烹饪秘籍

煮好的鸡蛋一般会放入冷水中冷却。冷却前，可以先将鸡蛋壳磕开部分裂缝后再放入冷水中浸泡，这样待其冷却后会更容易剥皮。

南瓜鸡肉肠

—— 金色点缀 ——

烹饪时间 **40** 分钟

难易程度 **简单**

鸡肉虽美味，可单调的颜色让它的"颜值"并不怎么高。当把金灿灿的南瓜丝加入鸡肉中，不仅增添了一丝香甜，点点金黄的点缀也让其摇身一变，成了"香肠界"名副其实的颜值担当！

主料 - 鸡胸肉250克 • 南瓜70克

辅料 - 淀粉20克 • 料酒1茶匙
└─ 盐2克 • 白胡椒粉1克

参考 - 食材 ················ 热量（千卡）
热量　鸡胸肉250克 ············ 295
　　　南瓜70克 ················ 16
　　　淀粉20克 ················ 69
└── 合计 ··················· 380

做法

1 南瓜洗净，去皮去瓤后用擦丝器擦成细丝待用。

2 鸡胸肉洗净，擦干表面水分，切成小块。

3 将鸡胸肉放入破壁机打成肉泥。

4 将打好的鸡肉泥倒入合适的容器内，加入所有调料和南瓜丝。

5 将鸡肉泥用筷子顺着一个方向搅拌至黏稠状态。

6 将拌好的鸡肉泥装入裱花袋，挤入香肠模具中。

7 放入大火烧开的蒸锅中，转中火，蒸20分钟。

8 蒸好后取出，冷却后脱模即可。

• 营养贴士

鸡胸肉是优质的蛋白质来源，不仅没有多余的脂肪，还含有人体必需的营养素之———磷脂，是减脂期非常不错的蛋白质食物。

─┤ 🍲 烹饪秘籍 ├─

若没有香肠模具，可以用锡纸代替。将锡纸裁成15厘米×20厘米的长方形，将肉泥挤在锡纸上，从一头将锡纸卷起，卷好后将两头拧紧即可。

黑椒秋葵厚蛋烧

—— 日式小清新 ——

烹饪时间 **25**分钟

难易程度 **简单**

每次追日剧的时候，剧中的早餐都精致且美味，而厚蛋烧就是其中非常有代表性的早餐之一。虽然都是摊蛋饼，但日式厚蛋烧只是稍微改变了一下呈现方式，就让蛋饼完成了华丽的转身。如果再配些夹心，切开的厚蛋烧就更好看啦！

主料 — 鸡蛋2个（约100克）
└── 秋葵2根（约25克）

辅料 — 盐2克 • 黑胡椒粉1克
└── 橄榄油2茶匙（约10毫升）

做法

1 秋葵洗净，放入沸水中焯1分钟。

2 将焯好的秋葵放入冷水，冷却后沥干水分待用。

3 鸡蛋打入碗中，加入盐、黑胡椒粉，打散成均匀的蛋液。

4 玉子烧锅中倒入橄榄油，烧至五成热时倒入1/3的蛋液，均匀铺满锅底。

5 将秋葵码放在蛋液的一端，用锅铲将凝固的蛋皮包在秋葵上。

6 小心卷起，将卷好的蛋饼重新放在锅的一端，再倒入1/3的蛋液。

7 重复上述卷蛋饼的步骤，直到将蛋液全部用完。

8 将做好的厚蛋烧盛出，切段后装盘即可。

• 营养贴士

秋葵肉质鲜嫩、口感爽滑，内部的黏性物质由果胶及多糖构成，富含蛋白质、维生素和矿物质，营养价值很高。

─┤ 🍲 烹饪秘籍 ├─

1. 秋葵焯水时不要去蒂，以免其中富含营养的胶质黏液流失。

2. 没有玉子烧锅也可以使用普通的平底锅来制作，这样做出来的厚蛋烧两边会不太平整，装盘时将两边不规整的部分切掉即可。

黑胡椒番茄炖蛋

—— 快手又美味

烹饪时间 20 分钟
难易程度 简单

早餐需要的时间和步骤越少，对忙碌的都市人来说就越容易实现。与煎炒烹炸这类传统的烹饪方式相比，使用烤箱能最大化地合理利用时间，把所有食材放入烤箱，无须值守，等待的过程中能干很多事情呢！

主料 – 番茄1个（约170克）
└─ 鸡蛋1个（约50克）

辅料 – 橄榄油1茶匙 • 黑胡椒碎1克 • 盐1克

做法

1 番茄洗净，去蒂、去皮，切成小丁。

2 将橄榄油涂抹在烤碗底部和四周。

3 将番茄丁倒入烤碗中，拨向四周，在中间留一个坑。

4 将鸡蛋磕在番茄丁中央，均匀地撒上黑胡椒碎和盐。

5 烤箱预热至180℃，放入烤碗，烤15分钟即可。

• **营养贴士**

番茄中富含胡萝卜素、B族维生素及维生素C，是一种低热量、高营养的蔬菜。成熟的番茄可以生吃，也可以作为日常菜肴的原料，酸甜的味道也能很好地增进食欲。

─ 烹饪秘籍 ─

相较于研磨好的黑胡椒碎，整粒的黑胡椒味道更浓郁，香气保存的时间也更长。因此，为了菜肴的最佳味道，食谱中的黑胡椒碎可以自己研磨，购买一个专门的胡椒研磨器，需要时再将胡椒研磨碎即可。

黑椒牛油果焗蛋

—— 经典吃法 ——

🍳 烹饪时间 15 分钟
🌶 难易程度 简单

牛油果吃法很多，最经典的吃法大概就是焗蛋了。烤过的牛油果更加软糯，加了奶酪的鹌鹑蛋也别有一番风味，搭配一杯香甜的牛奶，就是美味又营养的一餐了！

主料－牛油果1个（约150克）
└─鹌鹑蛋2个（约20克）

辅料－黑胡椒粉1克 • 盐1克
└─马苏里拉奶酪碎10克

做法

1 牛油果洗净，对半切开，去核。

2 将2个鹌鹑蛋磕开，分别装入牛油果中。

3 在牛油果表面撒上盐、黑胡椒粉，再放上马苏里拉奶酪碎。

4 将烤箱预热至180℃，烤8~10分钟即可。

• 营养贴士

奶酪是由牛奶浓缩发酵制成，其中营养物质的绝对值要远高于牛奶，但却比牛奶的热量高出很多。将奶酪作为日常饮食中蛋白质和钙质的来源时，要酌情减少其他食物的占比，以免热量摄入过多。

烹饪秘籍

对半切开的牛油果底面是圆弧形的，直接放在烤盘中有可能会倾斜，导致蛋液流出。可以在装鹌鹑蛋前在底面切一刀，将底面切平整。

牛油果泥水波蛋

—— 经典 Brunch（早午餐）——

烹饪时间 20 分钟
难易程度 简单

工作日的早晨总是仓促而忙碌的，到了周末睡个懒觉，大概是上班族们最期盼的事情了。晚起却不能亏待自己的胃，做一道经典的水波蛋，用Brunch来开启完美的周末吧！

主料－牛油果1个（约150克）• 鸡蛋1个

辅料－黑胡椒粉1克 • 盐1克
　　　黑胡椒碎适量 • 圣女果45克
　　　白醋适量

参考
热量

食材	热量（千卡）
牛油果150克	257
鸡蛋50克	70
圣女果45克	11
合计	338

做法

1 牛油果洗净，对半切开，取出果核，挖出果肉。

2 将牛油果肉切块，用勺子压成泥，加入黑胡椒粉和盐，拌匀。

3 圣女果去蒂、洗净，沥干水分后对半切开；鸡蛋磕入碗中待用。

4 取一口足够深的锅，加入足量的水烧开，烧开后倒入水量1/5的白醋。

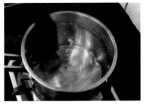

5 再次烧开后用锅铲在水中快速搅拌，待出现旋涡后关火。

6 快速将鸡蛋沿着碗边倒入旋涡的中心处，盖上锅盖焖3分钟。

7 将拌好的牛油果泥铺在盘底，捞出焖好的水波蛋，沥干水分后铺在牛油果泥上。

8 撒上黑胡椒碎，点缀上切好的圣女果即可。

● 营养贴士

牛油果的营养价值很高，不仅含有丰富的脂肪和蛋白质，还富含维生素及钠、钾、镁、钙等矿物质，含糖量很低，是一种非常健康的水果。

烹饪秘籍

做水波蛋的鸡蛋要尽量选择新鲜的。新鲜鸡蛋的蛋清比较黏稠和集中，能紧紧地包裹在蛋黄的周围，这样做水波蛋时蛋清不易散开，成品外观会更好看。

双色全麦三明治

—— 快手小吃 ——

三明治做起来简单快捷，能为匆忙的上班族和学生党节省不少时间，是忙碌早晨的最好选择。三明治的夹馅可以变化出很多花样，让你每一天的早餐都不重样！

主料－全麦吐司3片（约165克）

辅料－南瓜100克 • 紫薯100克

参考热量

食材	热量（千卡）
全麦吐司165克	419
南瓜100克	23
紫薯100克	133
合计	575

做法

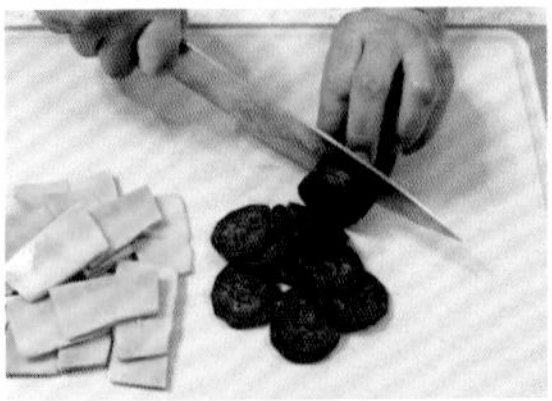

1 南瓜、紫薯分别洗净去皮，切片。

2 将南瓜片、紫薯片分别装盘，放入烧开的蒸锅中，蒸25分钟后取出。

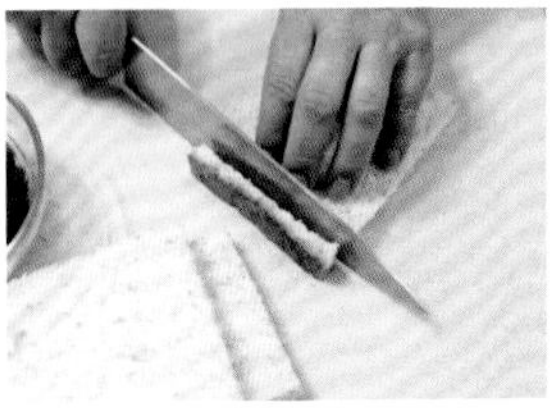

3 趁热将蒸好的南瓜片和紫薯片分别压成泥，吐司切边待用。

4 取一片吐司，先涂上紫薯泥。

5 放上另一片吐司后，再涂上南瓜泥。

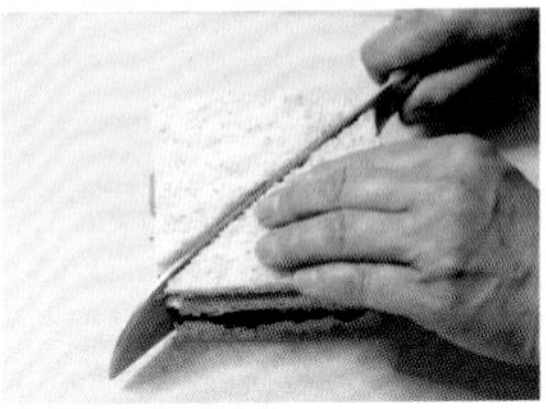

6 最后放上第三片吐司，将做好的三明治沿对角线切开即可。

烹饪秘籍

1. 南瓜淀粉含量较多，不易熟，因此上锅蒸之前，尽量切得薄一些，以确保其能尽快蒸熟。

2. 紫薯两端会有比较多的纤维丝，制作紫薯泥时会影响口感，烹饪前可以将两端的尖头部分都切掉。

• 营养贴士

南瓜中的多糖不仅让南瓜自带清甜的味道，还能够提高人体免疫力，对促进身体的健康有着积极的作用。

虾仁开放三明治

—— 能量满满 ——

牛油果中丰富的天然脂肪，令其拥有不同于其他水果的独特口感。牛油果可甜可咸，有着百般变化，做"主角"可以独当一面，做"配角"也不会抢走其他食材的风头。

主料 - 法棍面包3片（约100克）
└─ 牛油果半个（约75克）• 甜虾30克

辅料 - 黑胡椒碎1克 • 海盐1克

做法

1 甜虾提前解冻，去头去壳，沥干水分待用。

2 牛油果洗净，对半切开，去核用勺子挖出果肉。

3 将牛油果肉切成小块，加入海盐，用勺子压成泥后拌匀。

4 将拌好的牛油果泥均匀地涂抹在法棍面包片上。

5 在上面整齐地摆上甜虾仁，最后用研磨器撒上黑胡椒碎即可。

• 营养贴士

法棍面包的配方非常简单，只有面粉、水、盐和酵母这几种基本的原料，不含糖、蛋和油脂，相较于其他主食面包，热量更低，也更易于消化。

┤ 烹饪秘籍 ├

新鲜的甜虾口感弹牙、味道鲜美，可直接食用，但如果是肠胃敏感的人，或者是小朋友和老人，可以将处理好的甜虾稍微焯水30秒后再食用，以免引起肠胃不适。

烹饪时间 **10**分钟
难易程度 **简单**

果缤纷开放三明治

——— 健康又营养 ———

主料－法棍面包3片（约100克）
└─希腊酸奶80毫升

辅料－草莓60克·香蕉半根（约50克）
└─蓝莓10克

参考热量	食材	热量（千卡）
	法棍面包100克	372
	希腊酸奶80克	113
	草莓60克	19
	香蕉50克	47
	蓝莓10克	6
	合计	557

与传统三明治相比，开放式三明治的做法更加简单，变化也更为多样。面包此时仿佛变成了画布，那些自己喜爱的食材则成了颜料，用食物在面包上作画一定会让你成就感满满，还不赶快来试一下吗？

做法

1 草莓去蒂洗净；蓝莓洗净，分别沥干水分，香蕉剥皮待用。

2 将草莓、香蕉分别切成薄片。

3 将希腊酸奶均匀地涂抹在法棍面包片上。

4 将草莓片和香蕉片交替叠放在面包片两边，最后在中间用蓝莓点缀即可。

● 营养贴士

香蕉的热量在水果中虽然不算低，但其含有的淀粉为抗性淀粉，在肠道中能停留较长时间，从而起到增加饱腹感，缓解饥饿的效果。运动前食用香蕉，不仅可以给运动提供足够的能量，还能有效缓解运动后的疲劳。

┤ 烹饪秘籍 ├

希腊酸奶质地浓稠，水分含量少，适合涂抹食用。如果采购不便，也可以用普通酸奶自己制作：只需要用质地细密的纱布，过滤掉普通酸奶中的水分就可以了，通常过滤三四个小时后就可以得到质地浓稠的希腊酸奶了。

牛油果思慕雪

—— 牛油果也能很美味

牛油果是公认的减肥期水果，但它独特的口感并不是所有人都能接受的。如果你是第一次尝试牛油果，不妨换个吃法，用一杯牛油果思慕雪来开启你的味蕾，也许从此你就会爱上它。

主料 – 牛油果1个（约150克）
香蕉1根（约100克）• 酸奶120毫升

辅料 – 奇亚籽1茶匙

参考热量	食材	热量（千卡）
	牛油果150克	257
	香蕉100克	93
	酸奶120毫升	84
	奇亚籽5克	22
	合计	456

🍲 烹饪时间 **10**分钟
🥄 难易程度 **简单**

• 营养贴士

香蕉富含钾、镁等矿物质元素和维生素A，能防止血压上升、缓解皮肤干燥，同时还能够促进肠胃蠕动，有效通便、清理肠胃。

🔥 烹饪秘籍

1. 牛油果和香蕉暴露在空气中很容易氧化变色，应依次处理，并依次放入冰箱冷冻。

2. 牛油果随着成熟度的增加，果皮颜色也会由绿色转变为褐色，按下去手感微软，这样的牛油果便可以食用了。

做法

1 牛油果去皮、去核；香蕉剥皮，分别切成小块，放入保鲜袋中，提前一晚放入冰箱冷冻。

2 第二天，取出冷冻好的牛油果和香蕉块，无须解冻，直接放入破壁机中。可留几粒牛油果用于装饰。

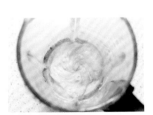

3 倒入酸奶，启动机器，打成细腻的糊。

4 将打好的思慕雪倒入杯中，撒上奇亚籽点缀即可。

综合莓果思慕雪

—— 迷人的色彩 ——

主料 – 蓝莓50克 • 树莓50克
　　　草莓80克 • 香蕉1根（约100克）
　　　酸奶120毫升

辅料 – 薄荷叶适量

参考热量	食材	热量（千卡）
	蓝莓50克	29
	树莓50克	26
	草莓80克	26
	香蕉100克	93
	酸奶120毫升	84
	合计	258

可爱的莓果是水果中最特别的存在，没有烦人的果皮，只有饱含汁水的果肉，一口咬下去，满口满心都是甜蜜的味道。将几种莓果混合，加入酸奶，便有了这一杯紫色的思慕雪，让人忍不住想去品尝。

做法

1 蓝莓、树莓、草莓洗净后沥干水分，各取出几颗放入冰箱冷藏，作装饰用。

2 香蕉剥皮后切块，和剩余的蓝莓、树莓、草莓一起放入保鲜袋，提前一晚放入冰箱冷冻。

3 第二天，将冷冻好的水果放入料理机，倒入酸奶，打成均匀的糊。

4 将打好的思慕雪装入碗中，将装饰用的蓝莓、树莓、草莓依次摆放在碗的一端，再点缀上薄荷叶即可。

• 营养贴士

蓝莓富含花青素，除了具有抗氧化的作用外，还能够缓解视疲劳，再加上蓝莓中丰富的维生素，经常食用可以增强机体免疫力。

🍲 烹饪秘籍

浆果类水果保质期短，季节性也较强，配方中的三种莓果不一定能同时凑齐，可以购买专门的冷冻水果，更易于保存，食用也更加方便。

坚果芒果思慕雪

—— 清香扑鼻 ——

主料-芒果250克・酸奶100毫升
└─即食燕麦片30克

辅料-腰果仁8克・巴旦木仁8克
└─南瓜子仁5克・亚麻籽2克

参考-食材 ⋯⋯⋯⋯⋯热量（千卡）
热量 芒果250克⋯⋯⋯⋯⋯⋯⋯⋯88
酸奶100毫升⋯⋯⋯⋯⋯⋯⋯70
即食燕麦片30克⋯⋯⋯⋯101
腰果仁8克⋯⋯⋯⋯⋯⋯⋯⋯45
巴旦木仁8克⋯⋯⋯⋯⋯⋯47
└─合计⋯⋯⋯⋯⋯⋯⋯⋯⋯⋯⋯351

☒烹饪时间 **10**分钟
♪难易程度 **简单**

冷冻后的芒果有着冰激凌般的丝滑口感，再加上它独特的清香和金黄的颜色，让这款思慕雪成了早餐里的颜值担当，再用丰富的坚果平衡营养和口感，有谁能拒绝这样的早餐呢？

• 营养贴士

芒果被誉为"热带水果之王"，气味芳香，含有丰富的胡萝卜素、维生素A、维生素C以及大量的膳食纤维，能有效改善便秘。芒果热量较低，每100克果肉仅有35千卡热量，是非常适合减脂期食用的水果之一。

🔥烹饪秘籍

1. 芒果的种类很多，可以根据季节和采购的便利性来选择品种。

2. 点缀用的坚果最好选择原味烘焙的，不要选择盐焗或油炸的类型，这样会导致额外摄入油脂和盐分。

做法

1 芒果洗净后沥干水分，对半切开，去核、去皮后切成小块。

2 将切好的芒果块放入保鲜袋，提前一晚放入冰箱冷冻。

3 第二天，将冻好的芒果块取出，放入破壁机，加入酸奶、即食燕麦片，打成均匀的糊。

4 将打好的芒果思慕雪倒入碗中，在上面依次摆放四种坚果即可。

抹茶奇亚籽谷物杯

—— 抹茶的另一种可能 ——

谁说抹茶只能出现在蛋糕中？只要你有想法，就没有什么不可能。翠绿的抹茶粉带来视觉上的享受，浓郁的抹茶香带来味觉上的体验，这些都为普通的酸奶与燕麦增添了别样的风味。

主料－混合燕麦片150克•酸奶250毫升

辅料－奇亚籽1茶匙•抹茶粉1克

参考热量	食材	热量（千卡）
	混合燕麦片150克	410
	酸奶250毫升	175
	奇亚籽5克	22
	抹茶粉1克	3
	合计	610

做法

1 选择口径较大的玻璃杯，将混合燕麦片铺入杯底。

2 倒入酸奶至杯满。

3 用锡纸盖住杯口的一半，将抹茶粉筛在露出来的另一半的酸奶上。

4 拿开锡纸，将奇亚籽撒在没有抹茶粉的那一半酸奶上即可。

● 营养贴士

抹茶粉富含人体必需的营养成分和微量元素，茶多酚含量很高。茶多酚具有明显的抗氧化、抗衰老作用，也能有效地降低血脂、血糖，经常食用对身体健康有着积极的作用。

┤ 烹饪秘籍 ├

混合燕麦片可以选择市面上现成的产品，也可以完全自己动手做：在普通的即食燕麦片中加入适量的即食玉米片、坚果、果干等即可，这样不仅可以节约成本，也能根据自己的口味和家中现有的食材来制作，灵活度更高。

树莓酸奶燕麦杯

—————— 赏心悦目 ——————

酸酸甜甜的树莓因着"覆盆子"的名字总让人以为它是舶来物，其实它在我国已有两千多年的历史了，只不过以前它的价值更多体现在药用上，多亏了现在便捷的生活，让我们得以尝到如此美味的水果。

主料－即食燕麦片120克·酸奶200毫升

辅料－树莓60克

参考热量	食材	热量（千卡）
	即食燕麦片120克	406
	酸奶200毫升	140
	树莓60克	31
	合计	577

烹饪时间 10分钟
难易程度 简单

做法

1 树莓洗净，沥干水分，留出几颗完整的，将剩余的对半切开。取高度合适的玻璃杯，将一半的即食燕麦片铺在杯底。

2 倒入一半的酸奶，将切开的树莓铺在酸奶上。

3 重复上述步骤，将剩下的一半燕麦片和酸奶依次放入杯中。

4 再将完整的树莓点缀在最上面即可。

—┤🍲 烹饪秘籍 ├—

树莓富含水分，质地柔软，挑选时一定要轻拿轻放，再加上其不易保存，容易腐烂，一次不要购买太多，在冰箱冷藏可保存一两天。此外，可以将洗净并擦干水分的树莓冷冻保存，能适当延长保存期。

• 营养贴士

酸奶由牛奶发酵而成，除了较全面地保留了牛奶的营养成分外，经过乳酸菌的发酵，牛奶中的乳糖和蛋白质被分解成小分子，更易于吸收，不易引起腹胀和腹泻等情况。

香蕉泥酸奶燕麦杯

—— 浓郁香蕉味 ——

尽管香蕉缺少了一些水果本该有的水灵劲儿，但它自带的香气却是一众水果中独特的存在。被酸奶泡软的燕麦片不仅嚼劲依旧，还有了软糯的口感。当这两者相遇，每一口都会在味蕾上碰撞出令人惊奇的火花。

主料－即食燕麦片100克•混合坚果15克
　　　蔓越莓干5克•酸奶200毫升

辅料－香蕉半根（约50克）•新鲜柠檬片1片

做法

1 将混合坚果、蔓越莓干加入即食燕麦片中，拌匀待用。

2 香蕉剥皮、切块，用勺子压成泥。

3 取合适的玻璃杯，加入一半混合好的燕麦片，再加入香蕉泥。

4 倒入一半的酸奶后，再倒入剩余的燕麦片。

5 最后倒入剩下的酸奶，点缀上柠檬片即可。

• 营养贴士

蔓越莓干由蔓越莓晒干制成，富含抗氧化的多酚类物质，有美容养颜、抗衰老的功效。

⊢ 烹饪秘籍 ⊢

香蕉要选择较熟的，太生的香蕉比较硬，不便于压泥，而且比较涩，影响成品的口感。

酸奶芋泥

—— 人人都爱的香芋味 ——

⏳ 烹饪时间 **40** 分钟

🎵 难易程度 **简单**

酸奶和芋头，看起来完全没有关系的两种食材，在你用心的制作和搭配下，不仅可以在家里轻松复刻"香芋"味，还能碰撞出令人惊艳的口感！

主料－荔浦芋头120克•紫薯50克
　　　└牛奶30毫升•酸奶250毫升

辅料－坚果碎2克

做法

1 荔浦芋头、紫薯分别洗净、去皮、切成薄片，放入烧开的蒸锅中蒸25分钟后取出凉凉。

2 将冷却后的芋头和紫薯薄片放入料理机，加入牛奶，打成细腻均匀的芋泥。

3 取一个较深的玻璃杯，先取少量芋泥，用勺子随意的涂在杯壁上。

4 将剩余的芋泥倒入杯底，再倒入酸奶至杯子全满。

5 最后在酸奶上撒上坚果碎即可。

• 营养贴士

荔浦芋头不仅含有丰富的淀粉，还富含粗蛋白和钙质，可以作为减肥期的主食替代品。

┤ 烹饪秘籍 ├

紫薯不易保存，挑选时要格外注意，要选择表皮光滑没有黑斑、整体颜色均匀、没有软烂和霉味的紫薯。每次不要购买太多，以免存储不当腐烂变质。

鹰嘴豆泥吐司条

—— 别样吃法 ——

⏳ 烹饪时间 40 分钟

🎵 难易程度 简单

小小的鹰嘴豆不仅可以替代主食，还能做成酱料来搭配其他食材，其细腻的口感一点都不逊色于花生酱、芝麻酱，热量却非常低，还能提供充足的蛋白质，是减脂期不可多得的食材。

主料 – 鹰嘴豆100克 • 吐司2片（约110克）

辅料 – 橄榄油2茶匙 • 盐1克 • 黑胡椒粉1克

做法

1 鹰嘴豆提前一晚泡发。

2 将泡好的鹰嘴豆放入烧开的水中，小火煮30分钟后盛出待用。

3 将冷却后的鹰嘴豆放入破壁机，加入橄榄油、盐、黑胡椒粉、50毫升煮豆子的水，打成均匀的泥。

4 吐司切成1厘米宽的细条，平铺在烤盘中，放入预热至180℃的烤箱中，烤8分钟。

5 将烤好的吐司条和鹰嘴豆泥装盘即可。

• 营养贴士

鹰嘴豆是一种高蛋白食物，同时富含不饱和脂肪酸、膳食纤维、微量元素及维生素，被誉为"粗粮中的粗粮"。

烹饪秘籍

鹰嘴豆有一层厚厚的皮，吃的时候比较影响口感。浸泡过夜的豆子表皮膨胀，用手轻轻一搓就可以剥下外皮了。煮之前可以把豆子皮都剥去，这样做出来的鹰嘴豆泥口感更好。

金枪鱼泥吐司小方

—— 一口一个 ——

用两片吐司夹上各种馅料，就变成了老少咸宜的三明治，但传统的三明治往往体积较大，吃起来总免不了各种尴尬。那么不妨把巨大的三明治切分成小块，这样便可以一口一个啦，吃起来更加方便，还不会弄脏双手呦！

主料 — 全麦吐司2片（约110克）
└— 金枪鱼泥100克

辅料 — 奶酪片1片（约10克）

参考 — 食材 ············· 热量（千卡）
热量
全麦吐司110克 ·················· 279
金枪鱼泥100克 ··················· 99
奶酪片10克 ····················· 20
└— 合计 ······················· 398

做法

1 吐司切去四边，切掉的面包边可另作他用。

2 将吐司片放在案板上，将金枪鱼泥均匀地涂抹在两片吐司上。

3 放上奶酪片，再放上另一片吐司，稍稍压紧。

4 将做好的夹馅吐司横竖各切一刀，均分成四块即可。

• 营养贴士

奶酪是奶酪的音译名，是经过发酵的奶制品，因为水分少，同等重量下，营养价值远高于牛奶和酸奶。奶酪除了含有丰富的蛋白质和钙，还含有多种维生素，是非常好的营养食品。

—┤ 烹饪秘籍 ├—

新鲜的吐司口感绵软，如果喜欢酥脆口感，可以在制作前将吐司片放入吐司机稍微烘烤一下，但烘烤时间不宜太长，以免切开时断裂或者掉渣。

第二章

能量午餐
工作生活两不误

黑椒芦笋鲷鱼柳

—— 赏心悦目 ——

🕱 烹饪时间 30分钟

🎵 难易程度 简单

绿色的芦笋、黑色的木耳和白色的鱼柳，丰富的色彩能很好地增进食欲，而不同口感的食材又给人以多层次的味蕾体验，这就是真正的色香味俱全！不必担心难度，按照步骤操作，你也能轻松完成。

主料－芦笋150克•鲷鱼150克
　　└─泡发木耳50克

辅料－植物油2汤匙•盐少许
　　　黑胡椒粉1克•淀粉10克
　　　蛋清20克•葱花1克•蒜片1克
　　└─姜末1克

参考热量	食材	热量（千卡）
	芦笋150克	29
	鲷鱼150克	159
	泡发木耳50克	14
	植物油30毫升	248
	淀粉10克	35
	合计	485

做法

1 鲷鱼提前解冻，洗净并沥干水分后切成手指粗的条，加入蛋清、淀粉和黑胡椒粉拌匀，腌15分钟。

2 将泡发木耳洗净，去除杂质，用手撕成小块；芦笋洗净，去除老根，斜切成段。

3 将芦笋段放入沸水中，焯30秒后捞出，接着立即浸泡在冷水中，这样做可以使芦笋口感爽脆。

4 锅中倒入油，烧至五成热，倒入腌好的鲷鱼柳，滑炒至变色，盛出待用。

5 利用锅中剩余的油，将葱花、蒜片和姜末爆香。

6 倒入芦笋段和木耳小块，翻炒均匀。

7 倒入鲷鱼柳，继续翻炒1分钟，用盐调味后出锅。

● **营养贴士**

芦笋富含B族维生素、维生素A及多种微量元素，口感爽脆，滋阴健脾。

┤ 烹饪秘籍 ├

芦笋的老根纤维多，不好咀嚼，因此烹饪前要去掉老根。用两只手拿着芦笋的两端，轻轻弯折，断裂的地方就是老根和新鲜芦笋的分界线，非常容易操作。

蒜香鱼柳

—— 蒜香扑鼻 ——

烹饪时间 40 分钟
难易程度 简单

平凡而经典的蒜蓉，搭配煎过的鱼柳，远远闻上去就让人食指大动。蒜蓉让普通的鱼柳味道更加浓郁，鱼柳也为蒜蓉增添了不可多得的鲜味。把这道菜端上桌，一定很快就会被吃光吧！

主料－龙利鱼200克 • 蒜50克
└─ 青尖椒20克 • 红尖椒20克

辅料－淀粉2汤匙 • 料酒1汤匙
├─ 白胡椒粉2克 • 生抽1汤匙
└─ 植物油4茶匙 • 盐1克

参考热量	食材 ………………	热量（千卡）
	龙利鱼200克………………	166
	蒜50克………………	64
	淀粉30克………………	104
	植物油20毫升………………	165
	合计 ………………	499

做法

1 蒜剥皮，洗净后沥干水分，用刀背将蒜瓣拍散后切碎，青、红尖椒洗净后斜切成段。

2 龙利鱼提前解冻，洗净后用厨房纸吸去鱼肉表面的多余水分。

3 将鱼肉切成手指粗细的鱼柳，放入大碗中，加入淀粉、料酒、白胡椒粉和生抽，用手抓匀后腌15分钟。

4 锅里加入2茶匙植物油，烧至五成热时下入大蒜碎，用小火慢慢将蒜煎至金黄，炒出香味后盛出待用。

5 锅里加入剩下的2茶匙植物油，烧至五成热时下鱼柳，翻炒至变色。

6 下入青、红尖椒段，炒出香味后下入煎好的大蒜碎。

7 炒匀后加入盐调味，盛出装盘即可。

• 营养贴士

龙利鱼富含不饱和脂肪酸，能有效促进体内饱和脂肪酸的代谢，降低血液黏稠度，预防血栓形成，防止心脑血管疾病的发生。对于患有"三高"的人群来说，可以用白肉来替代红肉。

─┤ 烹饪秘籍 ├─

1. 大蒜要尽量切得碎一些，这样比较容易炒熟，也能更好地炒出蒜的香味。

2. 青、红尖椒既可以提味还能为菜肴增色，不能吃辣的人可以酌情减少用量。

五彩鱼丁

多彩的餐桌

越是简单的烹饪方式越能呈现出鱼肉的天然鲜美，大火快炒便是如此。不过单炒鱼肉似乎欠缺了些生气和活力，不妨用那些有着丰富色彩的时蔬来搭配吧，既丰富了营养，又赏心悦目。

主料－巴沙鱼100克•黄瓜50克
　　　胡萝卜50克•鲜香菇20克
　　　红圆椒20克

辅料－植物油1汤匙•蛋清10克•淀粉2茶匙
　　　白胡椒粉1克•蚝油1汤匙•盐1克

参考
热量

食材	热量（千卡）
巴沙鱼100克	96
黄瓜50克	8
胡萝卜50克	16
鲜香菇20克	5
红圆椒20克	4
合计	129

做法

1 巴沙鱼洗净后沥干水分，切成1.5厘米见方的小丁。

2 将切好的鱼丁放入大碗中，加入蛋清、淀粉和白胡椒粉，抓匀后腌10分钟。

3 将黄瓜、胡萝卜、鲜香菇、红圆椒分别洗净，然后切成同鱼丁尺寸相当的小丁待用。

4 锅里加入植物油，烧至五成热时下入腌好的鱼丁，快速翻炒至变色。

5 依次下入胡萝卜丁、红圆椒丁、香菇丁和黄瓜丁，翻炒均匀。

6 加入蚝油和1汤匙清水，大火翻炒2分钟后加入盐调味，拌匀即可。

烹饪秘籍

黄瓜在切丁前可以在淡盐水中浸泡15分钟左右，这样可以有效去除黄瓜皮上的有害物质。浸泡时应将整根黄瓜放入水中，不要切开，以免营养物质流失。

•营养贴士

香菇有特殊的香气，不仅味道鲜美，还富含B族维生素和多种微量元素，有"植物皇后"的美称。

秋葵酿虾滑

—— 花样吃法

烹饪时间 35 分钟

难易程度 简单

把虾滑酿入秋葵并不是件轻松事，但在烹饪这件事上，只要你肯多花费一点点的耐心，将会收获加倍的美味。虾滑弹牙，秋葵爽脆，一口咬下去，双重的味觉体验一定会让你对这道菜念念不忘。

主料-秋葵120克•虾滑100克

辅料-盐2克•料酒1/2茶匙•白胡椒粉1克
　　　淀粉1汤匙•生抽1茶匙•蚝油1茶匙
　　　蒜末2克•小米椒圈2克
　　└─植物油2茶匙

参考-食材 ················· 热量（千卡）	
秋葵120克 ·················	30
虾滑100克 ·················	79
淀粉15克 ·················	52
植物油10毫升 ·················	83
合计 ·················	244

做法

1 在虾滑中加入1克盐、料酒、白胡椒粉后拌匀。

2 秋葵洗净后沥干水分，对半切开，用刀剔除其中的籽和筋膜。

3 在处理好的秋葵内外均匀地裹上一层薄薄的淀粉。

4 将腌好的虾滑小心地填入秋葵中，用勺背压实并抚平表面。

5 将生抽、蚝油、1克盐、蒜末、小米椒圈混合，加入120毫升清水调匀待用。

6 不粘锅内加入植物油，烧至五成热时，放入酿好的秋葵，小心地将两面煎至金黄。

7 将调好的料汁倒入锅内，盖上锅盖，中火烧2分钟。

8 转大火并翻炒均匀，待汁水收干后盛出装盘即可。

• 营养贴士

小米椒富含维生素、胡萝卜素等，其中的辣味来自于辣椒素，适量使用不仅可以为菜肴增香提味，还能起到促进食欲，预防消化不良的作用。

──│ 烹饪秘籍 │──

切过辣椒后，手上或多或少会沾上辣椒素，引起皮肤的灼热以及疼痛。辣椒素是脂溶性的，可以在手部感觉到灼痛时，涂抹适量的食用油，来缓解辣椒素带来的不适感。

芦笋虾仁炒蛋

—— 清新自然 ——

烹饪时间 20分钟
难易程度 简单

翠绿的芦笋、金黄的鸡蛋、粉白的虾仁，每样食材都有其最原始的滋味。在热油的激发下，无须过多调料，便可以将食材中的鲜味发挥得淋漓尽致。

主料-芦笋100克•虾仁80克
└─鸡蛋2个（约100克）

辅料-蒜片3克•姜丝2克•淀粉2茶匙
└─料酒2茶匙•盐2克•植物油4茶匙

参考热量	食材	热量（千卡）
	芦笋100克	19
	虾仁80克	74
	鸡蛋100克	139
	植物油20毫升	165
	合计	397

做法

1 虾仁提前解冻，洗净后沥干水分，剔除虾线，加入淀粉、料酒抓匀，腌10分钟。

2 芦笋洗净，斜切成段；将鸡蛋磕入碗中，打散成均匀的蛋液。

3 将切好的芦笋放入烧开的水中焯1分钟，捞出后沥干水分待用。

4 锅里加入2茶匙植物油，烧至五成热倒入蛋液，待其略微凝固后翻炒成鸡蛋块盛出。

5 锅里加入剩下的植物油，烧至五成热时下入蒜片和姜丝爆香。

6 下入腌好的虾仁，快速翻炒至变色。

7 再加入芦笋段和炒好的鸡蛋块，翻炒均匀，用盐调味后拌匀即可。

•营养贴士

虾仁富含蛋白质，脂肪含量较低，肉质细嫩，易于咀嚼和吞咽。虾仁中的磷、钙等矿物质元素还能促进儿童的生长发育。

烹饪秘籍

芦笋越新鲜口感越好，挑选时，应尽量选择鲜艳翠绿、茎秆笔直无侧芽、笋尖抱合紧密且无萎缩破损的芦笋，做到随吃随买，不要长时间储存。

笋尖木耳滑虾片

—— 换个花样吃虾 ——

将整颗虾仁敲成薄薄的虾片，形态的改变让虾仁焕然一新，口感也别具一格，加上新鲜的时蔬，便是既营养又健康的减肥菜肴了。

主料－莴笋尖150克•泡发木耳50克
　　└─基围虾150克

辅料－料酒2茶匙•盐2克•葱花2克
　　　姜末2克•蒜末2克•淀粉2汤匙
　　└─植物油4茶匙

参考热量	食材	热量（千卡）
	莴笋尖150克	23
	泡发木耳50克	14
	基围虾150克	152
	淀粉30克	104
	植物油20毫升	165
	合计	458

做法

1 基围虾洗净，去头去壳，剔除虾线；莴笋尖洗净去皮，切成菱形片；将泡发木耳撕成小朵待用。

2 将剥好的虾仁从背部切开，注意不要切断。

3 将淀粉均匀地撒在案板上，将切开的虾仁平铺在上面，再撒上一层淀粉。

4 将虾仁用松肉锤慢慢地敲成薄片状。

5 锅里加入2茶匙植物油，烧至五成热时下入处理好的虾片，快速翻炒，变色后盛出。

6 倒入剩下的植物油，烧至五成热时下入蒜末、姜末爆香，接着下入切好的莴笋片和木耳，翻炒至断生。

7 下入炒过的虾片，加入料酒和盐，继续翻炒1分钟后撒入葱花，炒匀即可。

•营养贴士

莴笋茎的可食用部分中95%都是水分，能够起到很好的利尿作用，相较于其他蔬菜，莴笋中富含氟元素，对牙齿及骨骼的发育有一定的益处。

烹饪秘籍

木耳一定要现吃现泡，不要吃长时间浸泡或隔夜浸泡的木耳，这样的木耳容易受到微生物的污染而产生毒素，严重时还会引起食物中毒。

干煎虾段

—— 咸鲜浓郁 ——

烹饪时间 **20** 分钟
难易程度 **简单**

鲜虾的美好滋味并不需要太多的作料衬托，特意调配的料汁在高温下逐渐渗入虾肉，均匀的虾段入味更加彻底。出锅后趁热剥开虾壳，咬上一口，鲜香四溢，这就是咸鲜与甘甜的完美结合。

主料－青虾250克

辅料－生抽1汤匙·料酒1汤匙
└─植物油1汤匙·香菜碎2克

参考热量	食材 ……………	热量（千卡）
	青虾250克 ……………	203
	植物油15毫升 ……………	124
	合计 ……………	327

做法

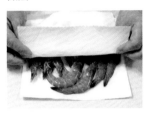

1 虾洗净，剪去虾须，剔除虾线，用厨房纸吸去表面水分。

2 将虾切成三段，将生抽和料酒混合，调成料汁待用。

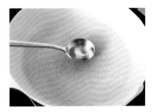

3 平底锅干烧至略微冒烟后再加入植物油。

4 下入虾段，转中火，煎半分钟后翻面，再煎半分钟。

5 倒入调好的料汁，盖上锅盖，转小火继续烧半分钟。

6 打开锅盖，用锅铲轻轻拌匀后盛出，撒上香菜碎点缀即可。

─┤ 烹饪秘籍 ├─

香菜内含有多种挥发油，不仅具有特殊的香气，还能有效去除肉类的腥味，因此在制作肉类菜肴时可以适量加入香菜，增添香味。

·营养贴士

虾肉不仅肉质鲜美、易于消化，还是补充蛋白质的优质食材。此外，虾肉中镁含量很高，对降低胆固醇、预防动脉硬化、保护心血管系统有着积极的作用，适合有特殊需求的人群食用。

烹饪时间 **15**分钟

难易程度 **简单**

腰果虾仁

— 弯弯的虾仁、弯弯的腰果 —

虾仁和腰果，一个柔软一个坚硬，但都有着弯弯的外观，这些特点让这道菜不仅有了两种口感，还有着可爱的造型，补充营养的同时，一定能吸引小朋友的目光，全家人一起吃才是最幸福的事情！

主料－虾仁200克•熟腰果80克

辅料－黑胡椒碎1克•盐1克•沙拉酱5克

参考
热量

食材	热量（千卡）
虾仁200克	186
熟腰果80克	492
沙拉酱5克	36
合计	714

做法

1 虾仁提前解冻并洗净，剔除虾线。

2 将虾仁放入烧开水的锅中，焯1分钟后捞出，沥干水分。

3 将沥干水分的虾仁放入大碗中，加入黑胡椒碎和盐拌匀。

4 放入腰果，再次拌匀后装盘，挤上沙拉酱装饰即可。

• 营养贴士

腰果酥脆可口，是老少咸宜的零食，其中含有丰富的蛋白质，是植物蛋白的优质来源。不过腰果富含脂肪，会带来较高的热量，日常食用时需控制摄入量。

┠ 烹饪秘籍 ┨

这道菜中的沙拉酱用量较少，带来的热量也有限，不必刻意回避。对热量有特殊要求的人群，可以选择购买低脂或清淡口味的沙拉酱。

孜然鸡丝

―――― 日常小零食 ――――

主料 – 鸡胸肉250克

辅料 – 料酒2汤匙 • 孜然粉3克
辣椒粉2克 • 孜然粒1克
└── 盐2克 • 橄榄油2茶匙

参考热量

食材	热量（千卡）
鸡胸肉250克	295
橄榄油10毫升	90
料酒30毫升	19
合计	404

• 营养贴士

橄榄油富含单不饱和脂肪酸、多种维生素及抗氧化物，被誉为最有益于人体健康的油脂。选用橄榄油做食用油，能有效减少饱和脂肪酸和胆固醇的摄入，起到降血脂的作用，还能减少高血压、冠心病、脂肪肝等富贵病的发生。

做法

1 鸡胸肉洗净，整块放入烧开的水中，加入料酒，煮10分钟后捞出沥干水分。
2 待煮好的鸡胸肉冷却至不烫手时，将其撕成细丝。
3 将鸡胸肉丝放入大碗中，加入剩余的所有辅料，拌匀后腌15分钟。
4 将腌好的鸡胸肉丝均匀地码放在铺了锡纸的烤盘中。
5 放入预热至200℃的烤箱中，烤15分钟即可。

烹饪秘籍

孜然作为常用的调味料深受大家的喜爱。不过孜然的味道虽很浓郁但极易挥发，因此应根据需要购买，不要一次买太多，以免因时间过久而导致味道丧失，影响菜品的口味。

🍳 烹饪时间 **55** 分钟
🥄 难易程度 **简单**

孜然鸡丝制作步骤简单，经过了高温烘烤，鸡丝变得更加有嚼劲，再加上鸡丝的含水量降低也延长了其保质期，更便于携带，在工作中作为缓解饥饿的小零食是非常不错的选择。

豉汁鸡腿

—— 柔嫩汁鲜 ——

烹饪时间 **40** 分钟

难易程度 **简单**

保持好身材要用科学的方法，健康饮食是前提，保证高蛋白的同时也要摄入足够的油脂。相对于鸡胸肉的干柴，鸡腿肉因为有富含油脂的鸡皮，其味道和口感都有了质的飞跃。浓郁的豉汁包裹在鸡肉上，每咬一口都饱含汁水，让人吃过就不能忘怀！

主料－整鸡腿2个（约350克）

辅料－蒸鱼豉油150克•料酒2汤匙
　　├老抽1汤匙•生姜10克•洋葱30克
　　├八角1个•桂皮1个•香叶1片
　　└大葱10克•植物油1汤匙

参考热量	食材	热量（千卡）
	鸡腿350克	511
	蒸鱼豉油150毫升	173
	洋葱30克	12
	植物油15毫升	124
	合计	820

做法

1 鸡腿洗净，沥干水分，用叉子在鸡腿表面均匀地扎上几次，要确保扎透。

2 生姜切片，洋葱切小块，大葱取葱白切成段。

3 锅里加入植物油，烧至五成热时依次下入生姜片、洋葱块，翻炒出香味。

4 倒入蒸鱼豉油和其他剩余的调料，加入300毫升清水，大火烧开。

5 放入鸡腿，盖上锅盖，小火炖25分钟。

6 打开锅盖，转中火，汁水收干后盛出鸡腿。

7 待鸡腿冷却至不烫手时，用斩骨刀将鸡腿切块装盘即可。

•营养贴士

八角中含有丰富的茴香油，除了去腥增香以外，还能有效促进消化液分泌及肠胃蠕动，起到增进食欲的效果。

烹饪秘籍

炖鸡腿时，可以将汤汁用汤勺舀起来浇在鸡腿上，重复该步骤，这样可以帮助鸡腿更好地入味。

三色藜麦配鸡排

——— 低脂健康餐 ———

烹饪时间 **50**分钟

难易程度 **简单**

健康的减脂餐是在确保营养的基础上做到碳水化合物、蛋白质和脂肪的合理搭配。当然，在造型和味道上也丝毫不能逊色。

主料－鸡大腿200克•三色藜麦100克
　　└─西蓝花30克

辅料－植物油2茶匙•姜片5克•蒜末5克
　　│─料酒2茶匙•老抽1茶匙
　　└─生抽2茶匙•蚝油1茶匙

参考－食材 ················· 热量（千卡）
热量　鸡大腿200克············ 292
　　　三色藜麦100克············ 357
　　　西蓝花30克··············· 8
　　　植物油10毫升··············· 83
　　　└─合计 ················· 740

做法

1 鸡大腿洗净，擦干水分，用剪刀剪开鸡肉后去骨。

2 将去骨的鸡腿肉放入大碗中，加入除植物油外的其他调料，用手抓匀，腌30分钟。

3 三色藜麦洗净，放入碗中，加入没过其表面约0.5厘米的清水，放入烧开的蒸锅中蒸30分钟。

4 西蓝花洗净，掰成小朵，放入沸水中焯2分钟，捞出后冷却待用。

5 平底锅加入植物油，烧至五成热时，下入腌好的鸡腿肉，用中火将两面煎至金黄。

6 盛出煎好的鸡腿肉，切成条。

7 取一个大盘，将蒸好的藜麦放在盘子一端，再摆上切好的鸡排和西蓝花即可。

• 营养贴士

西蓝花富含维生素C，营养成分比较全面，口感比普通的白色菜花要好很多，再加上烹调后仍能保持鲜亮的绿色，成为餐桌上一道亮丽的风景。

──┤ 🍲 烹饪秘籍 ├──

1. 做这道菜时尽量选择大的鸡腿，这样剔下来的鸡肉面积比较大，煎出来的鸡排造型比较好看。

2. 鸡腿肉剔骨其实并不难，先沿骨头的方向将鸡腿剖开，再用刀贴着骨头切一圈，便可以轻松地将鸡腿肉跟骨头分离。

青豆玉米鸡柳

—— 清新可口 ——

烹饪时间 **30** 分钟

难易程度 **简单**

圆滚滚的青豆，黄灿灿的玉米，搭配爽口嫩滑的鸡柳，便有了这道口感和颜值兼备的佳肴，即使是挑食的小朋友也无法抗拒这可爱的小豆子吧！

主料－鲜豌豆80克•玉米粒70克
└── 鸡胸肉200克

辅料－料酒2茶匙•白胡椒粉2克•淀粉1汤匙
└── 植物油1汤匙•盐2克•蚝油2茶匙

参考热量

食材	热量（千卡）
鲜豌豆80克	89
玉米粒70克	78
鸡胸肉200克	236
淀粉15克	52
植物油15毫升	124
合计	579

做法

1 鸡胸肉洗净，切成长约6厘米、厚1厘米的鸡柳。

2 将切好的鸡柳放入大碗中，加入料酒、白胡椒粉和淀粉，用手抓匀后腌20分钟。

3 豌豆放入烧开的水中煮5分钟后捞出，沥干水分待用。

4 锅里加入植物油，烧至五成热时下入腌好的鸡柳，快速滑炒至变色。

5 下入煮熟的豌豆和玉米粒，加入盐、蚝油和50毫升清水。

6 大火翻炒均匀，汁水收干后盛出即可。

烹饪秘籍

1. 鸡胸肉表面有层筋膜，会影响口感，切之前要尽量剥离干净。

2. 如果选用冷冻鸡胸肉，解冻后可用厨房纸吸干多余的水分，再进行后续的操作。

•营养贴士

鲜豌豆中富含维生素C和膳食纤维，能够有效帮助肠道蠕动，起到通便的作用。对于追求健康饮食的人来说，日常应多食用富含膳食纤维的食物。

柠檬烤鸡胸

—— 清香新风味 ——

烹饪时间 **90** 分钟

难易程度 **简单**

鸡胸肉是极易获取的高蛋白食材之一。不过鸡胸肉口味寡淡，其做法相对单一，长期食用难免厌烦。其实可以利用鸡胸肉的特点，在做法上放飞思维，使其驾驭各种味道，也许你会收获完全不同的体验。

主料－鸡胸肉250克 • 青柠檬1个（约50克）

辅料－蒜5克 • 洋葱20克 • 生抽1汤匙
└─料酒1汤匙 • 盐2克

做法

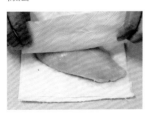

1 鸡胸肉洗净，用厨房纸吸干表面水分。

2 用松肉锤将鸡胸肉略微敲松散。

3 洋葱洗净后切小丁，蒜洗净后切末、青柠檬洗净沥干水分后切成薄片。

4 将蒜末、洋葱丁、柠檬片混合，加入生抽、料酒和盐拌成均匀的料汁。

5 将鸡胸肉放入料汁中，用手抓匀后腌1小时。

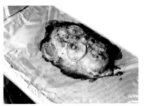

6 将腌好的鸡胸肉和料汁一起放在铺了锡纸的烤盘上，放入预热至180℃的烤箱中，烤20分钟即可。

烹饪秘籍

为了让鸡胸肉更入味，在时间充裕的情况下，可以提前一晚将鸡胸肉和料汁一起放入密封袋中，再放入冰箱中冷藏过夜；如果时间比较紧张，可以将鸡胸肉切片后腌制。

• 营养贴士

柠檬富含维生素C，由此味道很酸，并不能像其他水果一样直接食用。不过，柠檬的果皮中含有特殊的芳香物质，不仅可以生津开胃，还是西式菜肴的重要调味剂。

鹰嘴豆鸡丁

—— 粒粒精彩 ——

烹饪时间 **40** 分钟

难易程度 **简单**

鹰嘴豆一头圆，一头尖，软糯的口感让人吃过就难以忘怀。鹰嘴豆搭配上鸡肉丁，便是一道蛋白质大餐，用青红椒点缀，颜色也丰富了起来。

主料－鸡胸肉200克•泡发的鹰嘴豆120克
　　└─青尖椒20克•红尖椒20克

辅料－白胡椒粉1克•料酒2茶匙•姜末2克
　　├─淀粉1汤匙•生抽1茶匙•盐1克
　　└─植物油1汤匙

参考热量－食材 ……………… 热量（千卡）	
鸡胸肉200克……………………	236
泡发鹰嘴豆120克………………	192
淀粉15克…………………………	52
植物油15毫升……………………	124
合计………………………………	604

做法

1 将泡发的鹰嘴豆放入沸水中煮30分钟后捞出，沥干水分待用。

2 鸡胸肉洗净，沥干水分，切成小丁；青、红尖椒分别洗净后切成小丁。

3 将切好的鸡胸肉丁放入大碗中，加入料酒、淀粉、白胡椒粉和姜末，用手抓匀后腌15分钟。

4 锅里加入植物油，烧至五成热时，下入鸡胸肉丁，滑炒至变色后盛出。

5 利用锅里的余油，下入青、红椒丁，翻炒30秒。

6 下入鸡胸肉丁、鹰嘴豆，加入生抽和盐，翻炒均匀即可。

烹饪秘籍

新鲜的鹰嘴豆的外皮应干净有光泽、褶皱清晰，豆子颗粒饱满，闻起来有淡淡的香气，存放时间久的鹰嘴豆色泽暗淡，颜色不均匀，有些还会散发霉味或酸味，购买时要注意甄别。

•营养贴士

尖椒中含有丰富的维生素C、矿物质及叶酸，其中叶酸是机体细胞生长和繁殖过程中必不可少的物质之一，特别是对于孕妇来说，在孕期补充足够的叶酸会减少胎儿神经管畸形的发生。

时蔬鸡丝豆皮卷

—— 小巧菜卷 ——

烹饪时间 **40**分钟

难易程度 **简单**

最简单的食材，只是换了一种装饰方法，就仿佛给这道普通的菜肴赋予了新的生命，从外观到内容都完全焕然一新，一口一个的小巧样子，也让餐桌变得生动起来。

主料 - 豆腐皮60克·黄瓜80克
└─ 胡萝卜50克·鸡胸肉100克

辅料 - 植物油2茶匙·黑胡椒粉1克
├─ 盐2克·小葱10克·淀粉2茶匙
└─ 料酒1茶匙

参考热量 - 食材	热量（千卡）
豆腐皮60克	158
黄瓜80克	13
胡萝卜50克	16
鸡胸肉100克	118
植物油10毫升	83
合计	388

做法

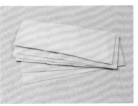

1 豆腐皮洗净，切成长15厘米、宽5厘米的条。

2 将切好的豆腐皮放入烧开的水中焯1分钟，捞出后沥干水分待用。

3 将黄瓜、胡萝卜和小葱洗净，分别切成细丝。

4 鸡胸肉提前解冻，洗净，沥干水分后切成细丝，加入淀粉、料酒、黑胡椒粉和盐拌匀，腌15分钟。

5 锅里加入植物油，烧至五成热时，下入鸡胸肉丝，炒熟后盛出。

6 取一张豆腐皮，在上面均匀地码放上鸡胸肉丝、黄瓜丝、胡萝卜丝和小葱丝。

7 从一端卷起豆腐皮，卷好后将收口朝下，均匀地摆放在盘中即可。

● 营养贴士

豆腐皮由豆浆浓缩制成，营养成分较高，特别是蛋白质的含量要远高于豆浆和豆腐，是日常饮食中补充植物蛋白的良好来源。

 烹饪秘籍

新鲜的豆腐皮可以装入保鲜袋，放入冰箱冷藏室储存，保鲜温度为5～15℃，温度太低会把豆腐皮冻坏，温度太高则容易变质。

咖喱牛腩

—— 经典重现 ——

烹饪时间 60分钟

难易程度 中等

异国情调的咖喱用它独特的辛香让人难忘。现在，即使不出国门，我们也能在家轻松做出地道的咖喱菜肴。牛腩、土豆、胡萝卜三者的完美搭配，与浓郁的咖喱汁相得益彰，让人一旦尝过就赞不绝口。

主料－牛腩250克•洋葱50克•土豆100克
└─ 胡萝卜100克

辅料－香叶1片•姜片5克•料酒1汤匙
└─ 咖喱块90克•植物油2茶匙

参考
热量

食材	热量（千卡）
牛腩250克	308
洋葱50克	20
土豆100克	81
胡萝卜100克	32
咖喱块90克	473
合计	914

做法

1 牛腩洗净、沥干水分，切成三四厘米见方的块。

2 将切好的牛腩块放入冷水锅中，水开后撇去多余的浮沫，再煮1分钟后捞出。

3 另取一口锅，放入焯过的牛腩、姜片、香叶和料酒，倒入适量热水，没过所有食材。

4 盖上锅盖，大火煮开后转小火，炖煮30分钟后捞出香叶和姜片。

5 洋葱去皮，洗净后切小丁；土豆和胡萝卜洗净后切成滚刀块。

6 锅里加入植物油，烧至五成热时下入洋葱丁，翻炒出香味后下入土豆块和胡萝卜块，翻炒均匀。

7 倒入煮好的牛腩块和牛腩汤，大火煮开后转小火，炖煮10分钟。

8 加入咖喱块，搅拌至咖喱块化开，再煮2分钟即可。

•营养贴士

牛腩是低脂肪、高蛋白的肉类，含有人体所需的全部氨基酸，而氨基酸是合成蛋白质的重要物质，也是维持人体日常代谢的必备营养元素。确保每日膳食的营养均衡是保证体内氮元素平衡的基础。

┤ 🍲 烹饪秘籍 ├

1. 市售的咖喱块有不同的辣度可供选择，可根据自己的情况来选择。

2. 煮过牛腩的汤水量如果不够多，在加入咖喱块后，可以根据实际汤量的多少酌情添水，以免因水量不足，咖喱块化得不充分导致煳锅。

葱香山药牛肉柳

—— 爽口下饭菜 ——

烹饪时间 **45**分钟

难易程度 **简单**

嫩滑的牛柳搭配爽脆的山药，一道菜便可以尽尝两种口感。小葱的加入，除了带来令人垂涎的香味外，还从色彩上打破了山药和牛柳的单调。

主料－山药150克•牛里脊200克

辅料－料酒1汤匙•盐1茶匙•老抽1茶匙
└─植物油4茶匙•小葱15克

做法

1 牛里脊洗净后沥干水分，切成大约长7厘米，厚7毫米的长条。

2 将切好的牛柳放入大碗中，加入料酒、盐和老抽，用手抓匀后腌30分钟。

3 小葱洗净，沥干水分，切成2厘米的葱段待用。

4 山药洗净去皮，沥干水分，切成菱形片。

5 锅里加入3茶匙植物油，烧至五成热时下入腌好的牛柳，滑炒至变色后盛出，控掉多余的油。

6 另取一口干净的锅，加入1茶匙植物油，烧至五成热时下入山药片，翻炒至断生。

7 下入炒过的牛柳，翻炒均匀后下入葱段，炒出葱香后盛出即可。

• **营养贴士**

山药富含多种维生素和矿物质，其黏蛋白可以保持血管弹性，预防心血管内的脂肪沉积。山药中几乎不含脂肪，热量较低，很适合作为减脂时的主食。

┤ 🍲 烹饪秘籍 ├

山药皮中含有皂角素，削皮后出现的黏液中含有植物碱，会引起皮肤过敏，出现瘙痒的情况，因此在清洗山药和削皮时最好戴上手套。如果不慎沾上了山药的黏液，可以用醋抹在皮肤瘙痒的地方，停留片刻后再洗去，可以有效缓解。

西芹胡萝卜牛柳

—— 美味可口 ——

西芹、胡萝卜加牛柳，不仅在色彩的搭配上非常和谐，从营养学的角度来看，也是相辅相成的完美一餐。如此简单的美味你还担心无法驾驭吗？快按照下面的步骤来试试吧！

主料－西芹80克•胡萝卜80克
└─牛里脊150克

辅料－料酒2茶匙•白胡椒粉1克
├─蚝油2茶匙•生抽2茶匙•姜片5克
└─淀粉1茶匙•植物油4茶匙•盐1克

参考－食材 ……………… 热量（千卡）
热量
　　西芹80克…………………………10
　　胡萝卜80克………………………26
　　牛里脊150克……………………170
　　植物油20毫升…………………165
└─合计 ……………………………371

做法

1 牛里脊洗净、沥干水分后切成长约6厘米、厚0.5厘米的牛柳。

2 将切好的牛柳放入大碗中，加入料酒、白胡椒粉和淀粉抓匀，腌15分钟。

3 西芹洗净后斜切成段，胡萝卜洗净后切成菱形片待用。

4 锅里加入2茶匙植物油，烧至五成热时放入腌好的牛柳，快速翻炒，变色后盛出。

5 锅里加入剩余的植物油，烧至五成热时先下入姜片爆香，再下入西芹段和胡萝卜片翻炒均匀。

6 待西芹和胡萝卜变色后下入炒过的牛柳，加入蚝油、生抽和盐调味，继续翻炒2分钟即可。

烹饪秘籍

西芹的挑选原则：整棵形状整齐，叶柄肥厚，没有老梗黄叶，没有锈斑和虫伤，鲜绿有光泽。

• 营养贴士

植物油中含有不饱和脂肪酸、多种维生素及矿物质。不饱和脂肪酸除了能有效降低血液的黏稠度，改善血液循环、促进血液流通以外，还能使皮肤健康光滑。

番茄牛肉丸

—— 浓郁茄汁味 ——

烹饪时间 **35** 分钟

难易程度 **简单**

手打的牛肉丸吸收了浓浓的番茄汁，不仅鲜嫩多汁还极富弹性，谁说牛肉丸只能涮火锅的时候吃？它完全可以成为日常餐食中的主力。身为吃货的你，怎么能错过这样的美味呢？

主料－番茄1个（约170克）•牛肉丸200克

辅料－洋葱30克•番茄酱30克
└─ 植物油2茶匙•蒜5克•盐2克

参考－食材 ·················· 热量（千卡）
热量
番茄170克 ──────── 26
牛肉丸200克 ──────── 410
洋葱30克 ──────── 12
番茄酱30克 ──────── 25
植物油10毫升 ──────── 83
└─ 合计 ·················· 556

做法

1 番茄洗净，去蒂、去皮，先对半切开，再切成小丁。

2 洋葱、蒜分别洗净后去皮，切成末。

3 锅里加入植物油，烧至五成热，下入洋葱末和蒜末，翻炒出香味。

4 下入番茄丁，翻炒出汁水，接着下入牛肉丸，倒入番茄酱，翻炒均匀。

5 倒入150毫升清水，大火烧开后转小火，盖上锅盖焖煮15分钟。

6 调入盐并拌匀，大火略微收汁后即可。

── 烹饪秘籍 ├─

市售的潮汕牛肉丸，成分以牛肉、牛筋为主，肉含量在80%～90%，肉质紧实，口感弹牙，而北方常见的火锅牛丸多以淀粉为主要原料，肉含量较低，购买时要注意分辨。

• 营养贴士

洋葱中的蒜素可有效提高牛肉中B族维生素的吸收率，所以，制作牛肉类食物时可以适量加入洋葱，不仅能提香去腥，还能促进营养的吸收。

牛肉豆皮包

—— 小巧可爱 ——

烹饪时间 **65** 分钟

难易程度 **中等**

谁说包子只能用面做？小小的豆腐皮也可以化身包子皮，包上鲜香的牛肉末，补充足量蛋白质的同时，一口一个，吃起来更加方便。

主料－豆腐皮150克・牛肉末250克

辅料－小葱10克・淀粉2茶匙・黑胡椒粉1克
　　　料酒1汤匙・香油1茶匙・盐2克
　　　生抽2茶匙

参考热量	食材	热量（千卡）
	豆腐皮150克	395
	牛肉末250克	483
	小葱10克	3
	合计	881

做法

1 豆腐皮洗净，沥干水分，切成边长为12厘米的正方形。

2 小葱洗净，取葱叶部分，切成15厘米长的丝待用。

3 牛肉末中加入淀粉、黑胡椒粉、料酒、生抽、香油和盐，用筷子顺着一个方向搅拌均匀，腌15分钟。

4 取一张切好的豆腐皮，取适量牛肉馅放在豆腐皮中间，将豆腐皮四边提起并向中间聚拢。

5 将肉馅聚拢在豆腐皮中心，用小葱丝系仕豆腐皮后打结，防止松开。

6 将做好的豆皮包均匀地摆放在盘中，放入烧开的蒸锅中蒸25分钟即可。

烹饪秘籍

生的豆腐皮比较脆，韧性不够，可以在烹饪前放入沸水中焯30~60秒，冷却后再进行后续的操作时会更容易一些。

・营养贴士

香油不仅能很好地为菜肴增香提味，还能起到通便润肠的作用。不过食用时应注意用量，每次2~4克即可，不能贪多。患肠胃炎或者腹泻时要尽量避免食用。

海鲜菇炒肉丝

—— 爽口又难忘 ——

🕐 烹饪时间 **30**分钟
🥄 难易程度 **简单**

菌菇入菜能带来特殊的香气和鲜味，海鲜菇更是如此。洁白的菌盖和菌柄搭配嫩滑的里脊肉丝，是两种色彩与两种口感的碰撞，还有菌菇散发出的香气，着实令人难忘。

主料－海鲜菇150克•猪里脊100克

辅料－料酒1汤匙•白胡椒粉1克
酱油1茶匙•淀粉2茶匙•姜末2克
蒜末2克•葱花2克•植物油4茶匙
盐2克

参考热量	食材 ················	热量（千卡）
	海鲜菇150克·········	48
	猪里脊100克·········	143
	植物油20毫升·········	165
	合计	356

做法

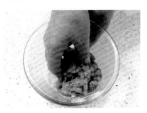

1 猪里脊洗净后沥干水分，切成细丝，加入料酒、白胡椒粉、酱油和淀粉，抓匀后腌20分钟。

2 海鲜菇去根洗净，沥干水分后切段。

3 锅里加入2茶匙植物油，烧至五成热时下入腌好的里脊肉丝，快速滑炒，变色后盛出。

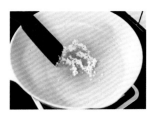

4 锅中加入剩下的植物油，烧至五成热时下入姜末和蒜末爆香。

5 下入海鲜菇段，转大火，快速翻炒出水分，直到海鲜菇变软。

6 下入炒过的里脊肉丝，加入盐和葱花，翻炒均匀即可。

烹饪秘籍

市售的海鲜菇一般有两种，一种白色的，一种褐色的，两者味道差别不大，可以根据实际情况选择购买。不管选择哪一种，都应该尽量挑选整体饱满均匀、菌盖较小、菌柄较短的类型。

•营养贴士

与其他部位的猪肉相比，猪里脊的脂肪含量较低，适合大多数人食用。猪瘦肉中含有丰富的B族维生素，是各种营养素在人体内正常代谢时必不可少的维生素。

竹笋肉丝

———— 春天的味道 ————

烹饪时间 **30**分钟
难易程度 **简单**

雨后春笋的蓬勃萌出是一幅属于春天的美丽画卷,而在吃货们的眼中,这更是让人期盼已久的美味大餐。不需要过多的调料,春笋本身就已经足够鲜美!

主料－春笋300克•猪里脊150克

辅料－植物油4茶匙•豆瓣酱1茶匙
　　　淀粉2茶匙•料酒1汤匙
　└─白胡椒粉1克•盐1克•葱花2克

参考－食材 ················· 热量（千卡）
热量　春笋300克 ·························· 69
　　└猪里脊150克 ······················ 215
　　　植物油20毫升 ····················· 165
　　　豆瓣酱5克 ·························· 9
　　└合计 ······························· 458

做法

1 猪里脊洗净，沥干水分，切成细丝，加入淀粉、料酒和白胡椒粉，抓匀后腌20分钟。

2 春笋去皮洗净，沥干水分，先对半切开，再斜切成段。

3 将切好的春笋段放入沸水中焯1分钟，捞出后沥干水分待用。

4 锅里加入2茶匙植物油，烧至五成热时下入腌好的里脊肉丝，翻炒至全部变色后盛出待用。

5 另取一口锅，加入2茶匙植物油，烧至五成热，下入春笋段，大火煸炒1分钟。

6 下入炒过的里脊肉丝、豆瓣酱和1汤匙水，翻炒均匀。

7 调入盐炒匀，盛出后撒上葱花点缀即可。

• 营养贴士

竹笋热量低，营养价值高，其中多达十几种的氨基酸成分是其鲜味的主要来源，同时含有丰富的胡萝卜素、维生素C、B族维生素和膳食纤维，能有效地促进消化。

┤ 烹饪秘籍 ├

根据时令的不同，可灵活选择春笋或冬笋。炒笋前，都应将切好的笋焯水，去除涩味。

木耳金针菇肉丝

—— 三丝搭配味道好 ——

烹饪时间 **25**分钟

难易程度 **简单**

木耳和金针菇虽都是大家喜爱的菌类，却有着完全不同的外观和口感。在木耳和金针菇中加入肉丝，不仅增强了菜肴的香味，营养也更加全面了。

主料 ┬ 猪里脊120克 • 泡发木耳50克
　　 └ 金针菇60克

辅料 ┬ 料酒2茶匙 • 五香粉1克 • 蛋清10克
　　 │ 淀粉2茶匙 • 植物油4茶匙 • 蒜末3克
　　 └ 姜末2克 • 生抽2茶匙 • 盐1克

参考 ┬ 食材 ·············· 热量（千卡）
热量 │ 猪里脊120克 ··············172
　　 │ 泡发木耳50克 ··············14
　　 │ 金针菇60克 ················19
　　 │ 植物油20毫升 ··············165
　　 └ 合计 ····················370

做法

1 猪里脊洗净后沥干水分，切成细丝，加入料酒、五香粉、蛋清和淀粉抓匀，腌15分钟。

2 金针菇洗净后沥干水分，先撕成小撮，再切段；泡发木耳洗净后切丝。

3 锅里加入2茶匙植物油，烧至五成热时下入腌好的里脊肉丝，快速翻炒，变色后盛出待用。

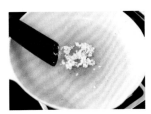

4 另取一口锅，加入剩余的植物油，烧至五成热时下入蒜末和姜末爆香。

5 依次下入金针菇段和木耳丝，翻炒至变软后下入炒过的里脊肉丝。

6 加入生抽和盐，大火翻炒均匀即可。

┤ 🍲 烹饪秘籍 ├

金针菇不易储存，即使冷藏保存也不能超过三天，所以为了保证新鲜，金针菇最好现吃现买。

• 营养贴士

木耳不仅热量很低，还含有丰富的膳食纤维，能有效增加饱腹感，缩短粪便在肠道内停留的时间，从而起到通便、减肥的作用。

酱香排骨鹌鹑蛋

—— 满口溢香 ——

烹饪时间 50 分钟

难易程度 简单

炖至软烂的排骨，口感弹牙的鹌鹑蛋，两者的相遇碰撞出了不一样的火花，这便是含有丰富蛋白质的一餐，吃过之后让人唇齿留香。

主料－猪肋排300克 • 鹌鹑蛋150克

辅料－八角1个 • 桂皮5克 • 花椒3克
　　　香叶1片 • 老抽1汤匙 • 料酒1汤匙
　　　姜片5克 • 葱段5克 • 盐2克
　　－植物油1汤匙

参考热量－食材 ………… 热量（千卡）
猪肋排300克…………… 885
鹌鹑蛋150克…………… 240
植物油15毫升…………… 124
合计 ………………… 1249

做法

1 鹌鹑蛋洗净，放入沸水中煮5分钟后捞出，冷却后剥皮待用。

2 猪肋排洗去血水，冷水入锅，水开后煮1分钟后捞出，沥干水分待用。

3 锅里加入植物油，烧至五成热时下入猪肋排，小火煎至两面金黄。

4 将排骨块拨到锅的一边，放入葱段、姜片，炒出香味。

5 加入没过排骨的热水，放入剥好的鹌鹑蛋，再放入除盐以外的其他调料。

6 大火烧开后转小火，盖上锅盖，炖煮30分钟。

7 调入盐，大火收汁即可。

• 营养贴士

鹌鹑蛋虽然营养价值整体上跟鸡蛋相似，但其中B族维生素及磷脂的含量都高于鸡蛋，特别是维生素B_2的含量是鸡蛋的2倍，能够有效促进人体的生长发育。

烹饪秘籍

1. 新鲜的排骨会有较多的血水，买回来后在清水中浸泡2小时，其间换水一两次，可以更好地去除血水。

2. 煮好的鹌鹑蛋捞出后放入冷水中浸泡，这样做更容易剥皮。

清蒸猪肉藕丸

—— 原汁原味 ——

烹饪时间 **35**分钟

难易程度 **简单**

百变的烹饪方式，让丸子不仅成为大家餐桌上的常客，也成为很多人记忆中"家的味道"。相对于红烧、糖醋这些重口味的做法，清蒸可以说是最能体现烹饪者手艺的方法了，原汁原味的呈现方式反而让人最为怀念。

主料－猪肉250克・莲藕100克

辅料－料酒1汤匙・淀粉1汤匙・白胡椒2克
　　　五香粉1克・盐2克・姜末5克
　　└香菜碎2克

参考－食材 ················· 热量（千卡）
热量　猪肉250克 ······················ 988
　　　莲藕100克 ······················· 47
　　　淀粉15克 ······················· 52
　　└合计 ··························· 1087

做法

1 猪肉洗净后沥干水分，切小块；莲藕洗净、去皮，切小块。

2 将猪肉块和莲藕块放入料理机，搅打成均匀的肉馅。

3 取出打好的肉馅，放入大碗中，加入除香菜外的所有辅料，用筷子顺着一个方向搅拌肉馅直到黏稠。

4 取适量拌好的肉馅放在于心里，用虎门将肉馅挤成丸子。

5 将做好的丸子均匀地放在盘中，放入烧开的锅中，蒸20分钟即可。

6 在丸子上撒上香菜碎点缀即可。

烹饪秘籍

生姜是提鲜去腥必备的调味品之一，不过其作用远不止于此，比如，煎鱼前用生姜片均匀地涂抹铁锅内壁，能有效防止粘锅，保证鱼皮不被煎破，从而确保成品的卖相不被破坏。

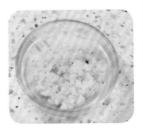

• 营养贴士

莲藕不仅富含矿物质，也富含碳水化合物，能提供给身体足够的能量，所以在减脂期，莲藕也可以用来代替一部分的主食。

117

芋丝肉丸

—— 软糯鲜香 ——

从古至今，荔浦芋头都是美味的化身，极富辨识度的香气和入口回甘的口味都让它有别于普通的芋头。荔浦芋头本身已然十分美味，再加上肉香，两种味道相互衬托，便有了1+1＞2的效果。

主料－荔浦芋头200克•猪肉末150克

辅料－料酒1汤匙•姜末3克
　　　白胡椒粉1克•五香粉1克
　　　盐2克

参考－食材 ················ 热量（千卡）
热量　荔浦芋头200克 ············· 180
　　　猪肉末150克 ·············· 593
　　　合计 ·················· 773

做法

1 荔浦芋头洗净、去皮，沥干水分，用擦丝器擦成细丝。

2 将芋头丝和猪肉末混合，加入所有调料，用手抓匀后并顺着一个方向搅拌至黏稠。

3 取适量拌好的馅料放入掌心，用虎口挤成肉丸。

4 将肉丸均匀地摆放在盘中，放入烧开水的蒸锅中蒸15分钟即可。

•营养贴士

荔浦芋头香味浓郁，富含粗蛋白及钙质，营养成分远高于普通芋头。每日补充适量的钙，对于增加骨骼强度，预防骨质疏松有着积极的作用。

┤烹饪秘籍├

荔浦芋头不易保存，在温暖潮湿的环境下容易出芽、霉变，因此，购买回来的荔浦芋头应保存在干燥阴凉且通风良好的环境中。如果一次购买的量比较多，可以将其去皮后分切成小块，放入密封的保鲜袋中在冰箱中冷冻保存。

丝滑土豆泥

—— 媲美 KFC ——

土豆泥算得上是土豆最健康的吃法之一了，这样简单的烹饪方式保留了土豆的全部营养，还没有摄入多余油脂的负担，在品尝土豆原汁原味的同时，还能推进你的减肥事业。

主料 - 土豆250克 • 牛奶100毫升

辅料 - 黑胡椒粉2克 • 盐2克

参考热量

食材	热量（千卡）
土豆250克	203
牛奶100毫升	65
合计	268

• 营养贴士

牛奶是日常补充蛋白质和钙质的饮品。即使是全脂牛奶，其脂肪含量也并不高，如果不是肥胖人士，完全不必追求脱脂牛奶，少了乳脂，牛奶的味道会寡淡很多。

烹饪秘籍

想获得口感更细腻的土豆泥，可以将压好的土豆泥过筛。过筛的工序较费时费力，可以借助工具来提高效率，将压好的土豆泥和牛奶一起放入破壁机，打成均匀的糊即可。

做法

1 土豆洗净去皮，切成薄片，放入烧开的蒸锅里蒸25分钟，取出后冷却待用。

2 将冷却至温热的土豆放入大碗中，用压泥器压成土豆泥。

3 将牛奶分几次加入土豆泥中，用手抓匀。

4 加入黑胡椒粉和盐，抓匀后装盘即可。

烹饪时间 45 分钟
难易程度 简单

麻辣香煎豆腐

—— 浓浓烟火气 ——

烹饪时间 **45** 分钟

难易程度 **简单**

豆腐虽小，却可以千变万化。撒上辣椒粉和花椒粉，用热油煎至金黄，火辣的香气便顷刻间飘散在厨房中。学会这道菜，在家中就可以轻松地吃到美味的煎烤豆腐啦！

主料－北豆腐250克

辅料－植物油1汤匙 • 辣椒粉1克
花椒粉1克 • 盐1克 • 生抽2汤匙
葱花2克

参考－食材 ················· 热量（千卡）
热量　北豆腐250克 ················· 290
植物油15毫升 ················· 124
合计 ················· 414

做法

1 北豆腐洗净，沥干水分，切成约长8厘米、宽5厘米、厚1.5厘米的片。

2 将豆腐片放入大碗中，加入生抽、盐、辣椒粉和花椒粉，用手抓匀后腌30分钟。

3 平底锅内加入植物油，烧至五成热时，放入腌好的豆腐片。

4 转小火，每面煎2分钟至呈金黄色。

5 将煎好的豆腐片盛出后装盘，撒上葱花即可。

• 营养贴士

辣椒素不仅具有开胃促消化的功效，还是有效的抗氧化成分，对于改善机体的新陈代谢，延缓细胞衰老都有着一定的积极作用。

—┤ 烹饪秘籍 ├—

根据研磨的程度不同，辣椒粉分为不同的细度。做这道菜时应选择较细的辣椒粉，这样可以同花椒粉更好地融合，也更利于豆腐腌制入味。

红烧豆腐

—— 经典菜肴 ——

烹饪时间 20 分钟
难易程度 简单

豆腐做法多样，是家庭餐桌上最常见的菜肴。红烧豆腐的做法很简单，只需将豆腐煎黄，再佐以料汁，焖烧片刻即可上桌。就算是厨房小白也能轻松完成。

主料-北豆腐250克

辅料-姜末2克·蒜末3克·小葱花2克
小米椒圈1克·植物油1汤匙
老抽2茶匙·蚝油1茶匙·醋1茶匙
淀粉1茶匙·盐1克

参考热量	食材 …………………	热量（千卡）
	北豆腐250克 …………	290
	植物油15毫升 …………	124
	合计 …………	414

做法

1 将老抽、蚝油、醋、淀粉和盐混合，加入2汤匙清水，搅拌均匀待用。

2 北豆腐洗净，切成长约5厘米、厚约1厘米的片。

3 不粘锅加入油，烧至五成热时，将豆腐片均匀地摆放在锅里。

4 用中小火煎豆腐片，每面煎2分钟，呈金黄色后盛出。

5 利用锅里的余油，将姜末、葱花、蒜末和小米椒圈爆香。

6 下入煎好的豆腐片，倒入调好的料汁翻炒均匀，大火烧1分钟。

7 撒入小葱花，拌匀后盛出即可。

·营养贴士

醋经由粮食发酵而制成，酿造时间越长，口感越醇厚，酸味也更浓郁。醋酸除了能够刺激胃酸分泌，起到开胃促消化的作用外，在烹饪各种蔬菜时加入少量醋，还可以有效防止蔬菜中维生素的流失。

烹饪秘籍

在日常烹饪中很容易混淆生抽和老抽。同老抽相比，生抽的味道更清淡，颜色更浅，适合炒菜或者拌凉菜时使用，可以为菜肴提味增鲜，而老抽味道浓郁，颜色很深，通常用来给食物上色，做各种红烧菜肴时必不可少。

茴香豆干

—— 特殊香味 ——

⏳ 烹饪时间 **30**分钟

🍴 难易程度 简单

当有着浓烈特殊香气的茴香遇上平平无奇的白豆腐干时，便实现了彼此的互相成全。豆腐干不再寡淡无味，茴香的味道也柔和了很多，这便是所谓的完美CP吧！

主料－白豆腐干200克•鲜茴香50克

辅料－生抽2茶匙•蚝油1茶匙•白醋1茶匙
└── 蒜末5克•植物油2茶匙•盐1克

参考热量－食材 ················· 热量（千卡）	
白豆腐干200克 ················	394
鲜茴香50克 ·················	14
植物油10毫升 ················	83
└──合计 ·················	491

做法

1 白豆腐干洗净后切成条；鲜茴香洗净，择去老根后沥干水分，将嫩芽切成碎末待用。

2 将切好的豆腐干条放入沸水中，焯1分钟后捞出。

3 在切好的茴香碎中加入盐，拌匀后腌10分钟，然后倒掉多余的水分。

4 蒜末放入碗中，将烧至九成热的植物油浇在上面，激发出蒜香。

5 在油泼蒜末中加入生抽、蚝油和白醋拌匀。

6 将焯好的豆干条和腌好的茴香放入大碗中，加入调好的料汁，拌匀即可。

──── 烹饪秘籍 ────

豆制品不易保存，温度较高时极易变质，所以每次购买时应量力而为，并做到随吃随买。如果一次购买得比较多，应洗净后分装好，放入冰箱冷冻保存。

•营养贴士

新鲜茴香鲜绿可人，富含B族维生素和胡萝卜素，特殊的香气不仅能刺激食欲，搭配各种肉类时还能有效地除腥。

香脆玉米烙

—— 香酥脆甜 ——

烹饪时间 15分钟
难易程度 简单

玉米香甜可口，即使在减脂期也不用忌口。玉米不仅满足了人们对甜食的期盼，还能满足身体的能量所需，多样的做法也让人百吃不厌。不要怕麻烦，动动手指，剥下一粒粒玉米粒，做一个香酥美味的玉米烙吧！

主料-熟玉米粒300克 · 玉米淀粉30克
└─ 糯米粉30克

辅料-植物油5汤匙

做法

1 将玉米粒放入大碗中，加入玉米淀粉、糯米粉，用筷子拌匀，使每粒玉米都包裹上粉类。

2 平底锅中加入植物油，烧至五成热时倒出部分油，只留适量底油，转动锅把，令其均匀地布满锅底。

3 将油继续烧至八成热，倒入拌好的玉米粒，将玉米粒用锅铲平铺在锅底。

4 加入刚才倒出的油，令油均匀地没过玉米粒，转中火，慢慢煎，煎的过程中可以转动锅把。

5 待玉米粒全部连在一起，不松散时即可。

6 倒出多余的油，将煎好的玉米烙盛出，切块装盘即可。

─┤ 🍲 烹饪秘籍 ├─

玉米粒的选择有很多，除了冷冻玉米粒，还有罐头玉米粒，这两种玉米粒在烹饪前要沥干水分。除此之外，也可选择新鲜玉米，煮熟后将玉米粒剥下来，也非常方便。

● 营养贴士

玉米的营养成分相对全面，作为常见的粗粮，可以作为主食的补充。玉米中含有的膳食纤维能够帮助肠道蠕动，有效促进消化。

烹饪时间 **50** 分钟
难易程度 简单

藜麦糙米饭

—— 健康主食 ——

减脂期的主食除了保证多样性外，还要减少精制米、面制品的摄入量，因此用杂粮饭来代替传统的米饭就是一个不错的选择。糙米有嚼劲，但适口性略差，用口感更好的藜麦来搭配，不仅提高了适口性，也让营养更加全面。

主料－藜麦100克 • 糙米100克

参考热量	食材	热量（千卡）
	藜麦100克	357
	糙米100克	348
	合计	705

做法

1 藜麦、糙米混合，淘洗一两次，去除杂质。

2 将藜麦和糙米放入电饭锅内胆中，倒入没过其表面约1厘米深的水，开启米饭功能即可。

• 营养贴士

藜麦被古印加人称为"粮食之母"，富含人体所需的多种营养素。常见的藜麦有白、黑、红等颜色，营养成分差别不大，口感以白色的最好，但三色藜麦混合起来会更好看一些。

—— 烹饪秘籍 ——

1. 现在的电饭锅对蒸饭功能划分得很细。如果使用的是此类电饭锅，可以选择杂粮饭或糙米饭功能，以确保糙米熟得更彻底，口感也会更好。

2. 如果只有普通电饭锅，也可以使用分别制作的方式，糙米40分钟，藜麦15分钟即可。

花生红豆麦仁饭

—— 红色好心情 ——

烹饪时间 **50** 分钟
难易程度 **简单**

红豆和花生是一对好搭档，但这一次它们不再出现在粥里，而是和劲道的燕麦仁一起，让普通的米饭变得好吃又好看，真是一碗美味又健康的主食啦！

主料 – 燕麦仁50克 • 大米50克

辅料 – 花生仁30克 • 红豆30克

参考热量

食材	热量（千卡）
燕麦仁50克	189
大米50克	173
花生仁30克	94
红豆30克	97
合计	553

● 营养贴士

花生仁富含多种维生素及矿物质，还含有人体所需的八种氨基酸及不饱和脂肪酸，能够有效促进脑细胞的发育，对儿童的生长发育很有益处。

—— 烹饪秘籍 ——

如果使用的是普通的电饭锅，可以提前将红豆和燕麦仁浸泡1~2小时，这样做出来的饭口感更好。

做法

1 将所有原料混合，用流动的水淘洗一两次，洗去尘土和多余的杂质。

2 洗好后放入电饭锅内胆中，加入没过其表面约1厘米的水。

3 放入电饭锅中，开启"杂粮饭"模式即可。

紫米南瓜肉松饭团

—— 美食新宠 ——

烹饪时间 **60**分钟

难易程度 **简单**

小小的饭团内大有乾坤。添加了紫米的饭团，不仅颜色更加漂亮，也平添了一份韧性和软糯，让口感更加独特。卷上自己喜欢的馅料，再包上海苔，就是全家都爱的完美一餐。

主料－紫米80克•大米80克

辅料－南瓜100克•猪肉松50克
　　　寿司海苔2片（约6克）•黄瓜30克
　　　胡萝卜30克

参考－食材 ················· 热量（千卡）
热量
　　　紫糯米80克 ··············· 277
　　　大米80克 ················· 277
　　　南瓜100克 ·················· 23
　　　猪肉松50克 ················ 158
　　　黄瓜30克 ···················· 5
　　　胡萝卜30克 ················· 10
　　　合计 ····················· 750

做法

1 将紫米和大米混合，清洗干净，加入没过食材约1厘米的水，放入电饭锅中蒸熟，之后冷却待用。

2 黄瓜、胡萝卜分别洗净，沥干水分，切成细丝待用。

3 南瓜去皮、去子，切成薄片，放入烧开的蒸锅中蒸20分钟，取出后冷却。

4 将蒸好的南瓜片用叉子压成泥。

5 取一张寿司海苔，平铺在案板上，取一半冷却后的紫米饭平铺在海苔上。

6 在紫米饭上铺南瓜泥，在一端放上猪肉松和切好的黄瓜丝和胡萝卜丝。

7 从一头卷起，收口朝下并压紧。

8 将所有紫米饭卷好，每一条切成三段后装盘即可。

• 营养贴士

干燥的海苔富含蛋白质及多种矿物质，但其中的碳水化合物含量也较高，不宜吃太多，以免摄入过多热量。用少量海苔作为菜肴的点缀不失为一种很好的搭配方式。

—| 🍲 烹饪秘籍 |———————————

1. 如果你的电饭锅带蒸篮，可以在蒸紫米饭的时候把南瓜片放入蒸篮里一起蒸熟，这样可以节省时间和能源。

2. 蒸好的紫米饭要冷却至温热再制作，如果温度太高，不仅不易操作，也会瞬间使海苔卷曲萎缩，影响后续制作。

烹饪时间 **40** 分钟

难易程度 **简单**

黑豆紫米饭
黑色的诱惑

黑色往往会带给人们"神秘"的感觉，黑色的食物也一直被誉为营养的代名词。在减脂期内，不妨把精制的白米饭换成加上了黑豆和紫米的黑米饭吧！

主料-紫米80克 • 大米80克

辅料-黑豆50克

参考热量	食材	热量（千卡）
	紫米80克	277
	大米80克	277
	黑豆50克	201
	合计	755

做法

1 黑豆提前一晚浸泡，泡涨后冲洗掉杂质。

2 将紫米和大米混合，淘洗干净。

3 将大米、紫米和泡好的黑豆放入电饭锅内，加入没过米和豆子约1厘米高的清水。

4 开启蒸饭模式，待米饭蒸好即可。

• **营养贴士**

紫米富含B族维生素和多种矿物质，特别是铁元素的含量远高于精米。紫米口感软糯，黏性强，蒸出来的米饭色泽油亮、味道香甜，能有效补充人体所需的多种营养物质。

烹饪秘籍

清洗紫米时会洗掉其中的水溶性色素。清洗时，可以用流动的水冲洗一两遍，洗去表面的杂质和尘土即可，不要过度揉搓，以免营养物质流失。

第三章

快手晚餐
简单而不凑合

蒜蓉南瓜酿虾滑

—— 滋味非凡 ——

烹饪时间 40分钟

难易程度 简单

金黄的南瓜夹上弹牙的虾滑，热油烹过的蒜蓉香气四溢，一口咬下去，软糯香甜里透着咸鲜可口，这就是烹饪的魅力，让不同的食材碰撞出不一样的火花。

主料－南瓜250克•虾仁150克

辅料－盐2克•淀粉1茶匙•蒜30克
　　└ 鱼露1茶匙•植物油1汤匙

做法

1 虾仁洗净，剔除虾线，用刀剁成泥，加入淀粉、盐并拌匀。

2 南瓜洗净、去皮、去子，切成0.5厘米的南瓜片，蒜洗净、去皮，剁成蒜蓉。

3 取两片南瓜片，中间夹上腌好的虾肉泥。

4 将夹好的南瓜片均匀码放在盘子中，放入烧开水的蒸锅中，大火蒸15分钟。

5 锅里加入植物油，烧至五成热时下入蒜蓉，炒出香味。

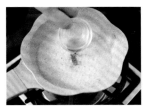

6 倒入蒸南瓜的水，再加入鱼露，大火烧开。

7 将烧好的料汁浇在蒸好的南瓜上即可。

• 营养贴士

南瓜富含膳食纤维，能帮助消化；其中的亚麻油酸、卵磷脂对于大脑和骨骼的发育也有很好的促进作用。

🍲 烹饪秘籍

市场上出售的南瓜个头都很大，虽然我们不需要购买整个南瓜回家，在选购时仍要掌握一定的挑选原则：应挑选外皮较硬，瓜瓤颜色较深，瓜子饱满的，这样的南瓜成熟度较高，味道和甜度都很好。

翡翠虾球

—— 青翠嫩滑 ——

难易程度 **简单**

圆滚滚的虾球看起来无比可爱，搭配上同样圆溜溜的小青豆，小朋友一定很喜欢！
就让他们用手去拿吧，而大人们，就负责记录下这温馨的时刻！

主料 — 鲜豌豆100克 • 青虾仁150克

辅料 — 料酒1茶匙 • 白胡椒粉1克
植物油2茶匙 • 生抽1茶匙
—— 盐1克 • 姜末2克 • 蒜末2克

参考热量 — 食材 ········· 热量（千卡）	
鲜豌豆100克 ·········	111
青虾仁150克 ·········	140
合计	251

做法

1 豌豆洗净，放入沸水中煮10分钟后盛出沥干水分待用。

2 青虾仁洗净、剔除虾线，沥干水分，用刀从虾背切开，但不要切断。

3 将切好的虾仁放入碗中，加入白胡椒粉、料酒并拌匀，腌制5分钟。

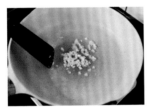

4 锅里加入植物油，烧至五成热时下入蒜末、姜末爆香。

5 下入腌好的虾仁，快速翻炒至其变色，成为虾球。

6 下入煮熟的豌豆，加入生抽、盐，并翻炒均匀即可。

┤ 烹饪秘籍 ├

1. 要选择新鲜、饱满、颜色翠绿的豆荚，这样的豌豆成熟度适中，口感更好。

2. 尽量选择个儿大一些的虾仁，这样做出来的虾球外形比较圆滚，比较好看。

• 营养贴士

白胡椒相比黑胡椒味道更为辛辣，因此其带来的刺激也更强，其中的胡椒碱含有芳香油和粗蛋白，在烹饪中起到除腥、解腻的作用，特殊的香气也能刺激唾液分泌，增进食欲。

烹饪时间 **20**分钟

难易程度 **简单**

橙香芥末虾球

—— **不出门也能吃上的美味** ——

主料－虾仁250克・脐橙半个（约40克）

辅料－植物油2茶匙
鸡蛋黄1个（约20克）
淀粉1茶匙・白胡椒粉1克
芥末酱2克・沙拉酱10克

参考热量	食材	热量（千卡）
	虾仁250克	233
	脐橙40克	24
	植物油10毫升	83
	鸡蛋黄20克	66
	合计	406

・营养贴士

芥末有刺激性的辣味，可有效刺激唾液和胃液的分泌，有明显的增强食欲和开胃的功效。芥末呛鼻的味道来自于其中的异硫氰酸盐，该成分有着促进血液循环、预防蛀牙的功效。

这是很多时尚餐厅里的主打菜，看起来高大上，很有难度，但其实这是一道非常简单的小菜，自己动手做非常的实惠哦！

做法

1 虾仁提前解冻，剔除虾线，沥干水分，用刀从虾背部切开，注意不要切断。
2 将切好的虾仁放入碗中，加入蛋黄、淀粉和白胡椒粉，用手抓匀，腌10分钟。
3 脐橙洗净外皮，对半切开，取半个用手挤出橙汁。在橙汁中加入芥末酱和沙拉酱，调成均匀的料汁。
4 平底锅中加入植物油，烧至五成热时，放入腌好的虾仁，用小火慢慢煎熟。
5 将煎好的虾球盛出，倒入调好的料汁，拌匀即可。

—| 烹饪秘籍 |—

挑选汁多味美的脐橙并非难事。购买时，选择果形圆润、端正和对称的，要挑选表皮光滑、颜色均匀、没有凹陷的脐橙。

薄荷芒果虾仁

热带风情

夏日的海岛不仅有阳光、椰风和沙滩，还有着令人难忘的热辣美食。在不能出门旅行的日子里，不如动手做一道充满异国情调的小食吧，让我们在美食中找寻那曾经的美好时光。

烹饪时间 20 分钟
难易程度 简单

主料—虾仁150克 • 鲜芒果150克
└── 莴笋50克

辅料—生抽1汤匙 • 香油1茶匙
白醋1/2茶匙 • 辣椒油1茶匙
└── 薄荷叶5克

参考 — 食材 ·········· 热量（千卡）
热量
虾仁150克 ··········· 140
鲜芒果150克 ········· 53
莴笋50克 ············ 8
└── 合计 ············· 201

做法

1 虾仁提前解冻，剔除虾线；莴笋削皮后洗净，切成小丁。

2 将虾仁放入沸水中焯30秒，捞出后沥干水分待用。

3 芒果去皮、去核，取出果肉后切成小丁。

4 将除薄荷叶以外的所有调料放入碗中，搅拌成均匀的料汁。

5 将虾仁、芒果丁、莴笋丁和薄荷叶放入大碗中，淋入料汁，拌匀即可。

烹饪秘籍

生食的莴笋在削皮后可放入清水中浸泡20～30分钟再进行后续的制作，这样可以有效去除生莴笋的苦涩味道。

• 营养贴士

莴笋口感爽脆，富含水分和膳食纤维，生食熟食皆可，能有效补充人体水分，促进消化道蠕动，起到通便的作用。

139

菠萝虾仁

—— 酸甜滋味 ——

烹饪时间 **25** 分钟
难易程度 **简单**

虾仁、水果、彩椒，每一颗都裹满了酸酸甜甜的番茄酱，这多彩的颜色也让人食指大动，一口下去，这味道像极了初恋。

主料－虾仁200克 • 鲜菠萝100克
　　　青圆椒30克 • 红圆椒30克

辅料－植物油2汤匙 • 生抽1茶匙
　　　料酒2茶匙 • 白胡椒粉1克
　　　淀粉1汤匙 • 番茄酱2汤匙
　　　白醋2茶匙 • 白芝麻1克

做法

1 虾仁洗净，剔除虾线，加入淀粉、白胡椒粉、料酒抓匀后腌制10分钟。

2 青、红椒洗净、去子，沥干水分后切块，菠萝切小块待用。

3 锅里加入植物油，烧至五成热，下入虾仁过油，待其变色后捞出控油。

4 将锅里多余的油倒掉，仅留少许底油，再次烧热后下入青、红椒丁翻炒至软。

5 下入菠萝块、虾仁，再加入番茄酱、生抽、白醋和2汤匙清水。

6 翻炒均匀，大火收汁后装盘，撒上白芝麻点缀即可。

┤ 烹饪秘籍 ├

菠萝中含有植物蛋白酶，对口腔和皮肤有一定的刺激性，所以新鲜的菠萝在食用前需要用淡盐水浸泡一下，这样不仅可以有效缓解食用时的不适感，也能让菠萝尝起来更甜。

• 营养贴士

菠萝香味浓郁，富含果糖和葡萄糖，以及维生素C、柠檬酸及矿物质，有明显的开胃助消化作用，而其中的维生素B$_1$有着促进新陈代谢，缓解疲劳的功效。

烹饪时间 **20** 分钟

难易程度 **简单**

翠绿的小白菜、洁白的虾仁，这是一道看上去就让人食欲大增的菜肴。制作上丝毫没有难度，最适合忙碌的上班族了。快别再点外卖啦，健康饮食从自己动手开始。

虾仁小白菜

多吃青菜

主料－虾仁150克 • 小白菜200克

辅料－蒜末5克 • 姜末2克 • 盐1克
料酒1茶匙 • 生抽1茶匙
植物油1汤匙

参考热量

食材	热量（千卡）
虾仁150克	140
小白菜200克	28
植物油15毫升	124
合计	292

• 营养贴士

小白菜富含钙质、维生素C和胡萝卜素，能够有效促进骨骼发育，并起到提高人体新陈代谢的作用。另外，小白菜中丰富的粗纤维还能促进胆固醇代谢产物的排出，保持机体的健康状态。

做法

1 虾仁提前解冻，洗净后剔除虾线待用。

2 小白菜去根洗净，沥干水分后切成段。

3 锅里加入植物油，烧至五成热时下入蒜末和姜末爆香。

4 下入虾仁，翻炒至变色后加入料酒和生抽，炒出香味。

5 下入切好的小白菜段，炒软后用盐调味，炒匀即可。

┤ 烹饪秘籍 ├

市售的冰冻虾仁都含有冰衣，其重量也算在产品的净含量中。因此，在选购时要注意产品包装上的标识，一般会用"××只"来表示虾仁的规格。同等重量下，虾仁数量越少，单个虾仁的重量和尺寸越大。

椒盐烤多春鱼

满腹鱼子

在高温的炙烤下，鱼皮变得酥脆，鱼肉仍然鲜嫩多汁，特别是多春鱼腹中那满满的鱼子，更是油润可口，一口咬下去，怕是要满嘴流油的。

主料－多春鱼250克

辅料－柠檬半个·料酒2茶匙
　　　生抽2茶匙·蚝油2茶匙
　　　椒盐1茶匙·橄榄油2茶匙

参考　食材·············热量（千卡）
热量　多春鱼250克·············230
　　　橄榄油10毫升·············90
　　　合计·············320

烹饪时间 **60**分钟
难易程度 **简单**

• 营养贴士

多春鱼的精华在于其中的鱼子。鱼子中富含多种微量元素和蛋白质，特别是DHA，对于儿童脑部的发育有着积极的作用。

烹饪秘籍

锡纸一面光亮、一面哑光。使用时，应用哑光面接触食物，包裹食物时将光亮面朝外，这样可以有效提高热传导的效率。

做法

1 多春鱼洗净，擦干表面水分，放入容器中，挤入柠檬汁。

2 再加入剩余调料和1茶匙橄榄油，用手抓匀，要确保鱼身均匀地沾满调料，腌30分钟。

3 在烤盘中铺入锡纸，倒入1茶匙橄榄油，用毛刷刷匀。

4 将腌好的多春鱼均匀地摆放在烤盘中，放入预热至220℃的烤箱中层，烤20分钟即可。

葱香茼蒿鱼片

—— 就爱吃鱼 ——

烹饪时间 25 分钟

难易程度 简单

鱼片爽口滑嫩，配上茼蒿特殊的清香，就成了完美的组合。如果你也喜欢吃鱼，就快来试试这款快手又美味的茼蒿鱼片吧！

主料 — 龙利鱼200克 • 茼蒿100克

辅料 — 植物油1汤匙 • 姜片3克
        蒜片4克 • 白胡椒粉2克 • 盐2克
        料酒1茶匙 • 小葱花10克

做法

1 龙利鱼提前解冻，洗净后沥干水分，斜切成片。

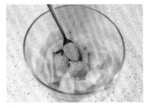

2 在切好的龙利鱼片中加入料酒和胡椒粉，腌5分钟。

3 茼蒿去根、洗净，沥干水分后切成段。

4 锅里加入植物油，烧至五成热时下入蒜片和姜片爆香。

5 下入腌好的龙利鱼片，翻炒至变色。

6 下入茼蒿段，翻炒变软后加入葱花。

7 翻炒均匀后加入盐，拌匀即可。

• 营养贴士

茼蒿富含水分，茎叶中还含有丰富的膳食纤维，能够有效促进肠胃蠕动，再加上其独特的香味，能增加食欲，是非常好的开胃促消化的蔬菜。

—┤ 烹饪秘籍 ├—

茼蒿的叶子比茎更易熟，下锅时可以先下入茎，再下入叶，翻炒的时间也不宜过长，因为长时间的高温会导致茼蒿营养素的流失，绿色的茎叶会变色，影响口感和美观。

嫩滑豆腐蒸鳕鱼

—— 大自然的馈赠 ——

当富含动物蛋白的鱼肉碰上富含植物蛋白的豆腐，就注定了这是一次令人惊艳的相遇。没有腥味的困扰，再淋上咸鲜可口的酱汁，这就是大自然所带来的最原始的美味。

主料－南豆腐150克 • 鳕鱼150克

辅料－姜丝5克 • 小葱丝10克
└── 蒸鱼豉油1汤匙

做法

1 南豆腐洗净，切成1厘米厚、5厘米宽、7厘米长的片状。

2 鳕鱼提前解冻，切成比豆腐片略小的块状。

3 将豆腐均匀码放在盘中，在每片豆腐片上摆上鳕鱼片，撒上葱丝和姜丝。

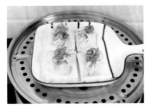

4 放入烧开的蒸锅中，大火蒸15分钟后取出。

5 另取一锅，将蒸鱼的汤汁从盘中小心倒入锅中，再加入蒸鱼豉油，大火烧开。

6 将烧好的料汁淋在鱼肉上即可。

烹饪秘籍

怎样确保买到的鳕鱼品质可靠？在挑选时首先要查看产品标识，正规的产品都会标注准确的产品名，如黑鳕鱼、狭鳕鱼、银鳕鱼等；其次看产地，鳕鱼多产自大西洋及太平洋沿岸国家及地区，如冰岛、俄罗斯、阿拉斯加等。

• 营养贴士

鳕鱼多来自深海，不仅蛋白质含量高，还没有腥味，肉质细嫩，易于吞咽，而且鳕鱼没有过多的小刺，即使是小朋友也能放心食用。

香草时蔬烤龙利鱼

—— 营养丰富 ——

烹饪时间 **40** 分钟
难易程度 **简单**

烤箱的魅力在于方便、快捷、无油烟，把想吃的蔬菜、肉类一股脑放入烤盘中，片刻之后，就能享受健康、美味又营养的一餐啦！

主料－龙利鱼200克•西蓝花80克
　　　胡萝卜50克•洋葱50克

辅料－迷迭香2克•黑胡椒碎2克
　　　橄榄油4茶匙•盐3克

做法

1 西蓝花洗净后沥干水分、掰成小朵；胡萝卜洗净后切成滚刀块；洋葱去皮、洗净后切成小块；迷迭香洗净，沥干水分，撕成小片。

2 龙利鱼提前解冻，洗净并吸干表面水分，切成5厘米左右的鱼柳。

3 将西蓝花、胡萝卜和洋葱混合，加入2茶匙橄榄油、1克黑胡椒碎和2克盐，拌匀。

4 将1克黑胡椒碎和1克盐均匀地抹在切好的龙利鱼柳表面。

5 在烤盘中铺入锡纸，将拌好的蔬菜平铺在烤盘一侧，放入预热至200℃的烤箱中，烤30分钟。

6 10分钟后，取出烤盘，将鱼柳均匀地摆放在烤盘的另一侧，淋上橄榄油，撒上迷迭香，继续烤20分钟即可。

烹饪秘籍

迷迭香是常见的西餐调料，可新鲜的迷迭香在国内还不算十分普及。如果不方便购买，可以网购种子种植或者直接购买现成的盆栽。迷迭香很好养护，耐寒耐旱，只需定期浇水、晒晒太阳就可以了。

• 营养贴士

洋葱营养丰富，富含维生素及多种矿物质和膳食纤维，是目前已知的唯一含有前列腺素A的蔬菜。前列腺素A具有扩张血管、降低血液黏稠度的作用，能够有效预防血栓的形成，对于高血压和冠心病患者来说有着积极的保健作用。

蒜蓉肥牛卷

换个方式吃肥牛

烹饪时间 **25** 分钟

难易程度 **简单**

肥牛卷肥瘦相间，肉质鲜嫩，是吃火锅的必备食材。可人少不适合吃火锅的时候怎么办？不妨换个方法来烹饪肥牛卷吧，至于味道嘛，你试试就知道啦！

主料－肥牛卷200克・金针菇80克
　　　　绿豆芽80克

辅料－植物油1汤匙・蒜50克・生姜2克
　　　　豆瓣酱1汤匙・蚝油1茶匙
　　　　生抽2茶匙・红椒圈5克・香菜碎3克

参考热量－食材	热量（千卡）
肥牛200克	404
金针菇80克	26
绿豆芽80克	13
植物油15毫升	124
合计	567

做法

1 金针菇洗净，撕成小撮；绿豆芽择去根部，洗净待用。

2 将金针菇和绿豆芽分别下入烧开的水中焯1分钟，捞出后沥干水分，接着铺入大碗底部。

3 将肥牛卷下入烧开的水中，煮至变色后关火，撇去浮沫后将肥牛片捞出，盖在碗中的蔬菜上。

4 蒜剥皮洗净，切成蒜蓉；生姜去皮，洗净后切成碎末待用。

5 豆瓣酱剁碎，加入蚝油、生抽，再加入2汤匙清水，搅拌成均匀的料汁。

6 锅里加入植物油，烧至五成热时下入蒜蓉、姜末和红椒圈爆香。

7 加入调好的料汁，大火烧开后关火，将汤汁浇在肥牛和蔬菜上。

8 最后撒上香菜碎即可。

• 营养贴士

绿豆发芽后，维生素C的含量会激增，绿豆中原本的蛋白质也会被分解成更易吸收的氨基酸，远高于绿豆中的含量，日常饮食中可多吃些绿豆芽。

⊹ 烹饪秘籍

1. 蒜蓉下锅后要转小火，用锅铲将蒜蓉不断地从锅边拨至锅底的油中，注意不断翻炒，以免蒜蓉煳锅。

2. 肥牛卷不用提前解冻，水开后直接下锅即可，解冻后的肥牛肉会粘在一起，不易分离，煮好后品相不佳。

时蔬焖排骨

—— 懒人晚餐 ——

烹饪时间 **60** 分钟
难易程度 **简单**

每到晚餐的时间，你是不是都在发愁应该吃什么或者做什么？其实电饭锅是个很万能的厨房电器，想偷懒的时候不妨让电饭锅来帮你做饭吧，还能免除油烟的烦恼哦！

主料－猪肋排300克 • 胡萝卜100克
└─ 玉米100克 • 洋葱50克 • 蒜苗段50克

辅料－生抽1汤匙 • 老抽2茶匙 • 料酒2茶匙
├─ 蚝油2茶匙 • 香叶1片 • 八角2克
├─ 蒜片5克 • 姜片5克 • 葱段10克
└─ 植物油2茶匙

参考热量	食材	热量（千卡）
	猪肋排300克	885
	胡萝卜100克	32
	玉米100克	112
	洋葱50克	20
	蒜苗50克	20
	合计	1069

做法

1 猪肋排洗去血水，斩成小段，冷水入锅，水开后焯30秒，然后捞出待用。

2 洋葱去皮洗净后切大块；玉米洗净，从中间劈开，切小段；胡萝卜洗净，切块。

3 将生抽、老抽、料酒、蚝油混合，调成均匀的料汁。

4 锅中放油，烧至五成热时下入蒜片、姜片爆香，下入肋排，将两面煎至金黄。

5 倒入料汁，再加入300毫升清水，大火煮开。

6 加入胡萝卜块、玉米块和洋葱块，再加入葱段、香叶和八角，翻炒均匀。

7 关火，将翻炒均匀的所有原材料连同汤汁倒入电饭锅内胆中，撒入蒜苗段。

8 将内胆放入电饭锅内，开启蒸饭模式，做好后略搅拌，盛出装盘即可。

● 营养贴士

蒜苗是大蒜的幼苗，有着特殊的香气，其中含有丰富的辣椒素，能起到一定的杀菌作用，从而增强人体免疫力，其中丰富的微量元素还能改善血液循环，防止血栓的形成。

 烹饪秘籍

洋葱中的挥发性物质会刺激角膜，让眼睛不适并流泪。切洋葱前，可以将洋葱放入冰箱冷藏一段时间，这样做能减少洋葱中刺激物质的挥发。另外，可以试着在切洋葱时短暂地屏住呼吸，这样也能缓解流泪的状况发生。

时蔬鸡肉饼

—— 低卡吃不胖 ——

烹饪时间 **20**分钟

难易程度 **简单**

低卡的鸡胸肉是减脂期的首选食材。要想让鸡胸肉百吃不厌，就需要多变换花样。
将彩色时蔬剁碎，加入鸡胸肉中，不仅丰富了色彩，也让口感更具层次。

主料－鸡胸肉250克•西蓝花50克
　　　胡萝卜50克•玉米粒50克

辅料－生抽1茶匙•蚝油1茶匙•料酒2茶匙
　　　淀粉1汤匙•盐2克•白胡椒粉1克
　　　姜3克•植物油1汤匙

做法

1 鸡胸肉洗净后沥干水分，切成小块；姜去皮，洗净后切小丁。

2 将切好的鸡胸肉块和姜丁放入破壁机中，打成均匀的肉泥。

3 将西蓝花和胡萝卜分别洗净，切成碎末。

4 取出打好的鸡肉泥，加入除植物油外的所有调料，再放入西蓝花碎、胡萝卜碎和玉米粒，用手抓匀。

5 用手抓取拌匀的鸡肉泥，在于掌中团成圆球，再按压成肉饼。

6 平底锅中加入植物油，烧至五成热，将压好的肉饼放入锅中，用小火煎至两面金黄即可。

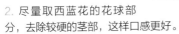 烹饪秘籍

1. 清洗西蓝花前，可以先放入淡盐水中浸泡10分钟，这样能有效去除花冠中的虫害。

2. 尽量取西蓝花的花球部分，去除较硬的茎部，这样口感更好。

•营养贴士

蚝油由牡蛎熬汤浓缩制成，能有效为菜肴提鲜增鲜，其中富含多种氨基酸和矿物质，特别是锌元素含量很高，可作为锌缺乏人士首选的膳食调味品。

菠菜豆芽鸡柳

—— 春天的气息 ——

烹饪时间 **25** 分钟

难易程度 **简单**

这是一道超级简单快手的凉拌菜，只要十几分钟就可以做出来，非常适合快节奏的生活，三者的搭配不仅颜色上赏心悦目，口感上也很棒，是非常适合春天的菜肴！

主料－菠菜150克・黄豆芽150克
　　└─鸡胸肉100克

辅料－料酒2茶匙・米醋2汤匙・生抽1汤匙
　　└─盐2克・香油1茶匙・白芝麻1克

热量
　　菠菜150克 ·················· 42
　　黄豆芽150克 ················· 71
　　鸡胸肉100克 ················ 118
　　└─合计 ··················· 231

做法

1 鸡胸肉洗净，放入烧开的锅中，并加入料酒，煮8分钟后捞出冷却。

2 菠菜去根洗净，放入沸水中煮30秒后捞出，放入冷水中浸泡冷却。

3 黄豆芽洗净，去除多余豆皮，放入沸水中煮2分钟后捞出，沥干水分并冷却。

4 将冷却后的鸡胸肉切成条状，菠菜挤去多余水分，切成段。

5 将鸡肉条、菠菜段、豆芽放入大碗中，加入米醋、生抽、盐并拌匀。

6 拌好后装盘，淋上香油，撒上白芝麻点缀即可。

烹饪秘籍

1. 菠菜焯水后要立刻放入冷水中浸泡，这样不仅可以保证其爽脆口感，也能令其颜色更加翠绿。

2. 黄豆芽在清洗时要格外注意，豆子有破损、霉变的应立马拣出，不再食用。

• 营养贴士

菠菜中含有丰富的类胡萝卜素、维生素C、维生素K及钙、铁等矿物质，特别是富含膳食纤维，能够有效促进肠胃蠕动，很好地帮助消化。

鸡翅焖锅

—— 冬日温暖 ——

⏳ 烹饪时间 60 分钟
🥄 难易程度 简单

塔吉锅的优点在于它既是烹饪工具，又是餐具。将烧好的菜肴直接端上餐桌，省去了出锅、装盘的步骤，不仅节约了时间，也减少了一半的清洗工作，绝对是烹饪者的福音呀！

主料 — 鸡翅中300克 • 土豆80克
　　　莲藕80克 • 西芹50克 • 洋葱50克
　　└ 金针菇80克

辅料 — 盐2克 • 辣椒粉1茶匙 • 植物油5茶匙
　　　蚝油1汤匙 • 黄豆酱1汤匙
　　　番茄酱1汤匙 • 淀粉2茶匙
　　└ 生抽2茶匙 • 料酒2茶匙 • 香菜碎2克

参考 — 食材 ················· 热量（千卡）
热量　鸡翅中300克 ················· 525
　　　土豆80克 ······················ 65
　　　莲藕80克 ······················ 38
　　　西芹50克 ························ 7
　　　洋葱50克 ······················ 20
　　　金针菇80克 ···················· 26
　　　植物油25毫升 ················· 207
　　└ 合计 ························· 888

做法

1 鸡翅中洗净，沥干水分，分别在两侧斜切几刀。金针菇去根洗净后撕成小撮。

2 土豆、莲藕洗净，去皮切片；西芹洗净后切段；洋葱去皮洗净后切丝。

3 将所有蔬菜放入大碗中，加入盐、辣椒粉和2茶匙植物油拌匀，腌15分钟。

4 将处理好的翅中放入碗中，加入生抽和料酒，用手抓匀后腌15分钟。

5 将蚝油、黄豆酱、番茄酱、生抽和淀粉混合，调成均匀的料汁待用。

6 取塔吉锅，倒入3茶匙植物油，并转动锅体，使油均匀地布满锅底。

7 将腌好的蔬菜铺在锅底，再摆放上腌好的鸡翅，盖上锅盖，小火焖10分钟。

8 打开锅盖，淋上酱汁，再次盖上锅盖焖10分钟，关火后撒上香菜碎即可。

• 营养贴士

金针菇素有"智力菇"的美称，含有多种氨基酸和丰富的锌元素，能促进新陈代谢，对于大脑发育也有着积极的作用，非常适合儿童及老人食用。

—┤ 🍲 烹饪秘籍 ├—

土豆和莲藕富含淀粉，切片后可放入清水中浸泡15~30分钟，不仅可以防止暴露在空气中氧化变色，还能有效去除其中的淀粉，在后续的烹饪中减少糊锅的风险。

多彩鸡肉丁沙拉

—— 变个花样吃鸡肉 ——

烹饪时间 4 分钟
难易程度 简单

鸡胸肉虽然是高蛋白食品，但天天吃总有厌烦的时候。如果你也在为此烦恼，不妨让鸡胸肉换一种形态吧，用更好的口感、更好的造型来充实你的减脂食谱吧！

主料－鸡胸肉250克 • 胡萝卜30克
　　　青圆椒30克 • 泡发的香菇30克

辅料－植物油2茶匙 • 黑胡椒粉1克
　　　盐2克 • 姜2克 • 料酒1汤匙
　　　淀粉1汤匙 • 蛋清20克

参考
热量

食材	热量（千卡）
鸡胸肉250克	295
胡萝卜30克	10
青圆椒30克	5
泡发香菇30克	8
合计	318

做法

1 鸡胸肉洗净，沥干水分，切成小块；胡萝卜、青圆椒和香菇分别洗净，沥干水分后切成小丁。

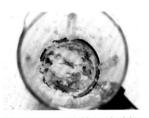

2 将鸡胸肉块放入破壁机中，加入姜，打成均匀的鸡肉泥。

3 将打好的鸡肉泥取出，加入切好的蔬菜丁，再加入料酒、蛋清、淀粉、黑胡椒粉和盐，用筷子顺着一个方向搅拌均匀。

4 取一个耐热饭盒，倒入植物油，将四壁和底面用毛刷均匀地刷上植物油。

5 将拌好的鸡肉泥倒入饭盒中，刮平表面。

6 放入烧开的蒸锅中蒸25分钟，取出后冷却。

7 将冷却后的鸡肉块小心地从饭盒中取出，切成小丁，装盘即可。

• 营养贴士

胡萝卜中含有槲皮素，能够抗氧化、抵御自由基并增加冠状动脉的血流量，起到降压的作用。常吃胡萝卜对于高血压人群具有一定的保健作用。

 烹饪秘籍

泡发的香菇吸满了水，制作前可用手将其中的水分挤掉，以免鸡肉泥太湿，影响后续的操作。

五彩藜麦甜虾沙拉

—— 健康美味又好看 ——

烹饪时间 **20** 分钟
难易程度 **简单**

鲜美的甜虾与时鲜的蔬菜，在油醋汁的衬托下都将最天然的味道呈现在人们面前，不需要多余的介绍，光是看到这赏心悦目的颜色就让人的味蕾蠢蠢欲动啦！

主料－甜虾100克•藜麦100克
⎿ 胡萝卜30克•鲜豌豆30克
⎿ 熟玉米粒30克

辅料－橄榄油2茶匙•白酒醋1汤匙
⎿ 柠檬汁1茶匙•黑胡椒粉1克

做法

1 藜麦洗净，加入没过其表面约1厘米的清水，放入烧开的蒸锅中蒸15分钟后冷却待用。

2 甜虾提前解冻，放入沸水中焯水30秒后捞出，沥干水分。

3 胡萝卜洗净，沥干水分后切成小丁。

4 鲜豌豆洗净后放入沸水中煮8分钟后捞出，沥干水分。

5 将橄榄油、白酒醋、柠檬汁、黑胡椒粉混合并调成均匀的油醋汁。

6 将藜麦、胡萝卜丁、豌豆、熟玉米粒混合并拌匀，铺入深盘底部。

7 将甜虾摆放在其上面，并淋上调好的油醋汁即可。

• 营养贴士

黄圆椒口感鲜甜，不仅颜色鲜艳，营养也丰富，特别是含有多种维生素，并且富含胡萝卜素、叶酸和多种矿物质，是日常补充营养的优质食材。

┤ 🍲 烹饪秘籍 ├

配方中的柠檬汁也可以使用新鲜柠檬来榨取，在榨汁前可以用食盐搓洗柠檬的表面，待去除其表面蜡质后再将其对半切开。

蛤蜊芝麻菜沙拉

烹饪时间 **30** 分钟
难易程度 简单

—————— 把美食图片搬上餐桌 ——————

每一期的美食杂志上都有不少色彩丰富的美食图片，这些看起来高高在上的美味，其实并没有想象中的难做，只要多多尝试，你也能将轻松复刻出这样的美味。

主料——泡发蛤蜊80克•芝麻菜100克
　　└──洋葱50克

辅料——柠檬半个•红酒醋2茶匙
　　　橄榄油4茶匙•盐2克•黑胡椒粉1克
　　└──榛子仁10克

参考热量——食材	热量（千卡）
泡发蛤蜊80克	50
芝麻菜100克	25
洋葱50克	20
橄榄油20毫升	180
榛子仁10克	63
合计	338

做法

1 蛤蜊提前泡发并洗净，沥干水分，芝麻菜洗净，沥干水分。

2 洋葱洗净，沥干水分后切成丁，榛子仁切碎待用。

3 锅里加入2茶匙橄榄油，烧至五成热时下入洋葱丁爆香。

4 再下入蛤蜊，翻炒1分钟后盛出。

5 将芝麻菜装入大碗中，放入炒好的洋葱蛤蜊，再加入红酒醋、盐、胡椒粉、2茶匙橄榄油，挤入柠檬汁后拌匀。

6 最后将榛子碎撒在拌好的沙拉上即可。

烹饪秘籍

1. 蛤蜊干在泡发前应先用清水洗去表面的杂质和灰尘，然后放入冷水中浸泡，尽量不要用热水浸泡，虽然热水泡发的速度更快，却会流失更多的营养。

2. 泡好的蛤蜊干要注意清除其沙袋，即蛤蜊上黑色的部分。

•营养贴士

蛤蜊味道鲜美，营养丰富，是一种高蛋白、高钙、高铁、低脂肪的海产品，被誉为"天下第一鲜"，不仅可以单独食用，也可以作为其他食物的配菜，为菜肴增加鲜味。

火龙果龙利鱼沙拉

—— 可口晚餐 ——

烹饪时间 **15**分钟

难易程度 **简单**

甜甜的各色水果铺在盘中，上面摆上煎熟的鱼柳，这是一份香甜可口又营养丰富的晚餐，满满一盘既可以吃得饱饱的，也没有摄入过多的热量负担。

主料－龙利鱼150克•白火龙果150克
　　　草莓30克•蓝莓30克

辅料－黑胡椒碎1克•黑胡椒粉1克
　　　海盐1克•植物油2茶匙
　　　低脂沙拉酱1茶匙

参考热量	食材	热量（千卡）
	龙利鱼150克	125
	白火龙果150克	83
	草莓30克	10
	蓝莓30克	17
	合计	235

做法

1 龙利鱼提前解冻，洗净，沥干水分，抹上黑胡椒粉、海盐腌制10分钟。

2 火龙果洗净，去皮，切成小丁；草莓洗净去蒂，切成小丁；蓝莓洗净沥干水分。

3 将火龙果丁、草莓丁、蓝莓混合，加入沙拉酱，稍稍拌匀。

4 平底锅加入植物油，烧至五成热时放入龙利鱼，将两面煎至金黄。

5 将煎好的鱼肉盛出，用厨房纸吸去表面多余油脂，切成小段。

6 将切好的鱼肉平铺在拌好的水果上，再撒上黑胡椒碎即可。

┤ 烹饪秘籍 ├

草莓的表皮很脆弱，在挑选时要选择表皮没有挤压、碰撞及破损的，如购买超市中有包装盒的草莓，应带着原包装放入冰箱冷藏保存，食用时再取出清洗。

● 营养贴士

草莓不仅富含多种维生素，还含有果胶、叶酸、花青素、膳食纤维及钙、铁、磷等矿物质元素，能够补水润肤、促进消化等。

烹饪时间 **20**分钟
难易程度 **简单**

果蔬牛肉沙拉

—— 酸酸甜甜牛肉丁 ——

在你的巧思下，牛肉丁不再是非咸即辣的食材。与双色火龙果和新鲜黄瓜搭配在一起，它便是咸鲜可口、酸甜美味的全能选手。

主料 — 牛里脊200克 • 红心火龙果50克
└── 白心火龙果50克 • 黄瓜50克

辅料 — 柠檬半个 • 料酒1汤匙
├── 黑胡椒碎1克 • 盐1克
└── 植物油1汤匙

参考热量 — 食材	热量（千卡）
牛里脊200克	226
红心火龙果50克	25
白心火龙果50克	28
黄瓜50克	58
植物油15毫升	124
合计	461

做法

1 牛里脊洗净，沥干水分，切成小丁，加入料酒、盐和黑胡椒碎抓匀，腌15分钟。

2 两种火龙果洗净、去皮，切成小丁；黄瓜洗净、切成小丁待用。

3 锅里加入植物油，烧至五成热时下入腌好的牛肉丁，快速划炒，变色后盛出。

4 将炒好的牛肉丁放入大碗中，加入切好的果蔬丁，挤入柠檬汁，拌匀即可。

• **营养贴士**

火龙果不仅味道香甜，还富含维生素和膳食纤维，能够有效促进消化，清理肠胃，起到良好的通便作用。除了日常作为水果食用外，也可以作为配菜，为菜肴增添色泽和口感。

┤ 烹饪秘籍 ├

炒好的牛肉丁上仍有一些多余的油脂，可以用厨房纸吸掉，这样能减少油脂的摄入量，更适合减脂期食用。

彩虹果蔬沙拉

—— 盘中彩虹更美丽 ——

主料－黄瓜50克 · 胡萝卜50克
└─ 熟玉米粒50克 · 圣女果50克
蓝莓50克 · 白心火龙果50克
巴且木仁15克

辅料－低脂沙拉酱10克

• 营养贴士

圣女果不仅口感独特，而且营养价值高，其维生素含量高于普通番茄，而果酸成分可以促进消化。谷胱甘肽、番茄红素等特殊物质对儿童的生长发育也有着积极的作用。

┤ 烹饪秘籍 ├

火龙果属于热带水果，不宜放入冰箱保存，低温会导致其被冻伤，果皮出现黑褐色的斑点并变质、腐烂，正确的方法是将其储存在避光、阴凉的地方，并尽快食用。

🕐 烹饪时间 **20**分钟
🌶 难易程度 **简单**

虽然彩虹是可遇不可求的自然景观，但巧手的你一定会让这美丽的景象出现在餐桌上，选择七种不同颜色的食材，便可以实现天天看到彩虹的愿望啦！

做法

1 黄瓜、胡萝卜洗净，切成小丁；圣女果洗净，每颗切成四瓣。

2 蓝莓洗净、沥干水分；白心火龙果洗净，去皮，切成小丁。

3 取一大盘，将所有原材料按照颜色从盘子的一端摆至另一端，每摆完一种食材再摆另一种食材。

4 将低脂沙拉酱挤在摆好的果蔬上即可。

烹饪时间 10分钟
难易程度 简单

牛油果沙拉

—— 低脂首选 ——

牛油果看起来其貌不扬，却可以为人类提供多种必需的营养素，加入煎出香味的培根丁，在丰富口感和营养的同时，也更加赏心悦目。

主料 — 牛油果1个（约150克）
└── 培根50克 • 圣女果50克

辅料 — 黑胡椒粉1克 • 盐1克

参考 — 食材 ················· 热量（千卡）
热量
  牛油果150克 ·············· 257
  培根50克 ····················· 83
  圣女果50克 ·················· 13
└── 合计 ························· 353

• 营养贴士

培根中的脂肪、胆固醇及矿物质的含量比较高，不适合经常给孩子食用，但可以添加少许到比较单一的主食中，以丰富其风味及营养。

做法

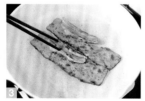

1 牛油果对半切开，取出果核，用勺子将果肉取出，切成小丁。
2 圣女果去蒂、洗净，每颗切成四瓣待用。
3 培根放入不粘锅中，用小火煎至两面金黄后盛出冷却。
4 用厨房纸吸去培根表面多余的油脂，再切成小丁。
5 将切好的牛油果、圣女果、培根丁混合，加入黑胡椒粉和盐并拌匀即可。

 烹饪秘籍

挑选培根时，要选择色泽光亮、瘦肉颜色鲜红或暗红、肥肉呈乳白色或透明、表面干爽没有斑点、用手按压能感觉到肉质结实有弹性的培根。

素食沙拉

—— 健康果蔬 ——

主料 — 紫甘蓝80克 • 圣女果50克
└─ 熟玉米粒50克 • 苦菊30克
└─ 蓝莓20克

辅料 — 盐1克 • 红酒醋1茶匙
└─ 黑胡椒碎1克 • 白芝麻1茶匙

参考热量

食材	热量（千卡）
紫甘蓝80克	20
圣女果50克	13
熟玉米粒50克	56
苦菊30克	17
蓝莓20克	11
合计	117

• 营养贴士

苦菊中含有多种矿物质，钙质的含量较高，并且富含多糖类物质，天然的植物多糖对于调节人体免疫力，降低血脂、血糖都有着积极的作用。

不管何时，新鲜的水果和蔬菜搭配在一起，就是健康和低脂的代名词。选择自己喜爱的不同颜色的果蔬，清洗、装盘，再简单调个味，便是最健康的一餐啦！

做法

1️⃣ 紫甘蓝洗净，切成细丝，加入盐拌匀，腌15分钟。

2️⃣ 苦菊洗净，用手撕成小段；圣女果洗净去蒂，每个切成四瓣；蓝莓洗净，沥干水分待用。

3️⃣ 将腌好的紫甘蓝滤去水分，装入大碗中。

4️⃣ 加入苦菊、熟玉米粒、蓝莓和切好的圣女果，再加入黑胡椒碎和红酒醋拌匀。

5️⃣ 将拌好的沙拉装入盘中，撒上白芝麻即可。

—┤ 烹饪秘籍 ├—

选购苦菊时，要挑选根茎较白的，这样的苦菊比较鲜嫩，口感更好。另外还要注意挑选茎叶挺拔、颜色翠绿的，有黄叶、烂叶的不要选择。

迷迭香烤南瓜

法式风情

烹饪时间 45 分钟
难易程度 简单

迷迭香的特殊香气成就了这道风味独特的烤南瓜。贝贝南瓜特有的软糯口感被香料无限放大，吃一口在嘴里，会觉得格外香甜。

主料－贝贝南瓜1个（约300克）

辅料－橄榄油适量·黑胡椒碎适量
　　└迷迭香适量

做法

1 择取新鲜的迷迭香叶子，洗净并沥干水分后，撕成小段待用。

2 南瓜去蒂，洗净外皮，对半切开，掏去南瓜瓤。

3 将每一半南瓜再平均切成六七份。

4 在南瓜表面用毛刷薄薄地刷上一层橄榄油，均匀地摆放在铺了锡纸的烤盘中。

5 在南瓜表面撒上现磨的黑胡椒碎，再放上小段的迷迭香。

6 放入预热至200℃的烤箱中层，上下火烤20分钟即可。

───┤ 烹饪秘籍 ├───

贝贝南瓜是日本引进的南瓜品种，外观偏灰绿色，瓜棱深，瓜瓣鼓，瓜皮质地很硬，每一个的个头都不大，基本上可以一手抓握。贝贝南瓜的价格要高于普通南瓜，挑选时要注意辨别品种。

•营养贴士

贝贝南瓜的果肉质地粉糯，不仅吃起来非常美味，其中还含有丰富的胡萝卜素，是普通南瓜的三倍以上。虽然贝贝南瓜的甜度较高，但所含的糖以木糖醇为主，不会因糖分摄入过多而造成负担。

肉末浇汁芦笋

—— 鲜美多汁 ——

| 烹饪时间 | 25 分钟 |
| 难易程度 | 简单 |

芦笋有着爽脆的口感，但寡淡的味道却让人有些遗憾，那不妨烧一个鲜美多汁的肉酱浇头吧，裹上满满的汤汁，芦笋就更加好吃啦！

主料－芦笋200克 • 猪肉末100克

辅料－植物油1汤匙 • 蒜末5克 • 姜末3克
　　　白胡椒粉1克 • 料酒2茶匙 • 葱花5克
　　　蚝油1汤匙 • 生抽1汤匙

参考－食材 ················· 热量（千卡）
热量　芦笋200克 ··················· 38
　　　猪肉末100克················· 395
　　　植物油15毫升················· 124
　　　合计 ························ 557

做法

1 芦笋洗净，择去老根，切成10厘米左右的段。

2 将切好的芦笋段放入沸水中焯水1分钟，捞出，并放入冷水中浸泡冷却。

3 猪肉末中加入姜末、白胡椒粉、料酒并拌匀。

4 蚝油、生抽混合，加入1汤匙清水调成均匀的料汁。

5 将冷却后的芦笋段沥干水分，码放在盘中。

6 锅里加入植物油，烧至五成热时下入蒜末爆香。

7 下入拌好的猪肉馅翻炒至其变色，加入调好的料汁，大火烧开。

8 将烧好的料汁浇在芦笋上，并撒上葱花点缀即可。

• 营养贴士

猪肉中的蛋白质含量虽不及其他畜肉且脂肪含量高，却能提供与生长发育有着密切关系的脂肪酸，并且猪肉富含B族维生素、血红素及促进铁吸收的半胱氨酸，是很好的补铁食物。

 烹饪秘籍

尽量自己购买猪肉来制作猪肉末，这样能很好地控制肥瘦的比例。一般来说肥肉比例不要超过四成，以免太过油腻，影响口感的同时也会增加油脂的摄入量。

双彩肉片

—— 肉嫩菜鲜 ——

⏳ 烹饪时间 **25** 分钟
🔥 难易程度 **简单**

彩椒的漂亮颜色能为餐桌增加不少色彩，再加上鲜美的味道，令其广受大家喜爱。而猪里脊没有多余的肥肉，口感滑嫩，和彩椒搭配在一起，不仅颜色丰富，味道也格外好。

主料 - 猪里脊200克 • 红圆椒80克
└─ 黄圆椒80克

辅料 - 蒜片2克 • 姜丝2克 • 料酒2茶匙
├─ 生抽1茶匙 • 白胡椒粉1克
└─ 淀粉2茶匙 • 植物油4茶匙 • 盐2克

做法

1 猪里脊洗净后沥干水分，切成片，加入料酒、生抽、白胡椒粉、淀粉，用手抓匀后腌制15分钟。

2 红、黄圆椒洗净、去子，切成块待用。

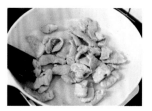

3 锅里加入2茶匙植物油，烧至五成热时下入腌好的肉片，快速翻炒至变色后盛出。

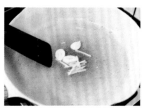

4 锅里加入剩余的植物油，烧至五成热时下入蒜片、姜丝爆香。

5 再下入红、黄圆椒块，翻炒至软后下入炒好的肉片。

6 翻炒均匀后加入盐调味即可。

┤ 烹饪秘籍 ├

新鲜的猪里脊质地较软，不易切片，可以提前将洗净并沥干水分的猪里脊块放入冰箱冷冻30~40分钟，冷冻至半硬时再切片会容易很多。

• 营养贴士

红圆椒的红色来自其中含有的胡萝卜素。圆椒还含有成人每日所需的维生素A和维生素C，这些丰富的抗氧化物质能有效去除身体中的自由基，保持机体的年轻态。

双色香薯条

烹饪时间 40 分钟
难易程度 简单

—— 红薯二重奏 ——

红薯是非常健康的主食，把红薯切成条状，搭配上浓郁香味的椰蓉，不仅是一道有着丰富颜色和多层次口感的晚餐，也是非常好的日常充饥小零食！

主料－红心红薯1个（约150克）
　　　白心红薯1个（约150克）

辅料－植物油1汤匙·椰蓉2汤匙

参考热量－食材	热量（千卡）
红心红薯150克	129
白心红薯150克	129
植物油15毫升	124
椰蓉30克	214
合计	596

做法

1 红薯洗净后削皮。

2 切成1厘米粗细，7~8厘米长的条状，放入清水中浸泡15分钟后捞出，沥干水分。

3 将切好的红薯条放入大碗中，淋入植物油，再加入椰蓉，并用筷子拌匀。

4 烤盘上铺上锡纸，均匀铺上拌好的红薯条。

5 放入预热好的烤箱中层，上下火200℃烤20分钟至薯条边角呈现金黄色即可。

• 营养贴士

红薯含有丰富的淀粉、蛋白质和胡萝卜素，且几乎不含脂肪，再加上富含膳食纤维，食用后会有很强的饱腹感，是非常健康的减肥食品，能够替代大米白面等"精粮"。

┤ 烹饪秘籍 ├

红薯中含有丰富的多酚物质，在氧气的作用下会生成醌类物质，导致切开的红薯变黑，在切红薯前最好提前准备一盆清水，把切开的红薯立即泡入水中，可以避免红薯氧化变色。

孜然小土豆

—— 夜市的味道 ——

烹饪时间 35分钟
难易程度 简单

小土豆有着可爱的外形，先蒸再煎，软糯的口感搭配孜然，那让人无法拒绝的浓郁香气，每一口都令人期待，绝对是吃了就停不下来的美味！

主料 - 小土豆250克

参考 - 食材 ·············· 热量（千卡）
热量
　小土豆250克 ··············· 203
　植物油15毫升 ·············· 124
　合计 ······················· 327

辅料 - 植物油1汤匙 • 孜然粉2克
　　　辣椒粉1克 • 孜然粒1克 • 盐2克
　　　小葱花2克

做法

1 小土豆洗净，放入烧开的蒸锅中蒸25分钟后取出冷却待用。

2 待小土豆冷却至不烫手时，剥去其外皮。

3 锅里加入植物油，烧至五成热时下入孜然粉、辣椒粉，炒出香味。

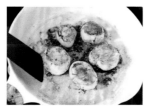

4 加入剥皮的小土豆，用锅铲将每个小土豆压平，调至小火，将其两面煎至金黄。

5 加入孜然粒、盐，翻炒均匀，令每一颗小土豆都裹上均匀的调料。

6 出锅并装盘，撒上葱花点缀即可。

烹饪秘籍

孜然的香气要在高温和油脂的衬托下才能最大限度地发挥出来，所以在烹饪孜然味道的菜肴时，一定要先炒孜然粉，再放入食材，这样才能令味道更加浓郁。

• 营养贴士

土豆虽然相貌平平，却含有丰富的维生素和膳食纤维，特别是维生素C远高于苹果、胡萝卜、白菜等果蔬，而维生素C不仅是人体必需的维生素之一，还能够有效阻断黑色素的生成，从而达到美白皮肤的效果，是爱美女士的不二选择。

黑椒烤土豆胡萝卜

—— 健康时蔬 ——

烤过的土豆没有任何多余的油脂，而胡萝卜也因为脱水而变得更加香甜，晚上用来当作主食，不仅好吃得让人一吃就停不下来，还一点不用担心热量的问题。

主料——土豆150克 • 胡萝卜150克

辅料——黑胡椒粉2克 • 盐1克
└── 橄榄油1茶匙

参考热量——食材	热量（千卡）
土豆150克	122
胡萝卜150克	48
橄榄油5毫升	45
合计	215

做法

1 将土豆和胡萝卜洗净，沥干水分，切成不规则的滚刀块。

2 将土豆块和胡萝卜块放入碗内，淋入橄榄油，加入黑胡椒粉和盐，用筷子拌匀。

3 将拌好的食材均匀地摆放在铺了油纸的烤盘中。

4 放入预热至220℃的烤箱中层，上下火烤20分钟即可。

• **营养贴士**

胡萝卜中含有大量胡萝卜素，会在肝脏中转化为维生素A，而维生素A又有防治眼干、改善视力衰退及夜盲症的作用，因此，胡萝卜是非常好的保健食疗蔬菜。

——┤ 烹饪秘籍 ├——

选购胡萝卜时，要选择表皮光滑、没有破损且大小适中的。可以用手掂一掂，大小差不多的胡萝卜，较重的说明水分更充足，口感也会更好。

快手田园小炒

—— 大火快炒 ——

大火快炒，用极短的时间将各种食材炒熟，每种原材料的营养都得以完美地保留，时鲜的蔬菜用丰富的色彩上演了一曲美味的田园之歌。

主料 — 山药100克 • 荷兰豆80克
└── 胡萝卜50克 • 鲜香菇50克

辅料 — 植物油1汤匙 • 蒜片5克
└── 生抽1茶匙 • 盐少许

参考 — 食材 ················· 热量（千卡）
热量
　　山药100克 ················· 57
　　荷兰豆80克 ················ 24
　　胡萝卜50克 ················ 16
　　鲜香菇50克 ················ 13
　　植物油15毫升 ·············· 124
└── 合计 ····················· 234

做法

1 山药洗净，去皮，斜切成片；荷兰豆择去豆筋，斜切成段。
2 胡萝卜洗净，切成菱形片；鲜香菇洗净，去根，切成片。
3 锅里加入植物油，烧至五成热，下入蒜片爆香。
4 再依次下入山药、荷兰豆、胡萝卜、鲜香菇，每次都翻炒均匀后再加入下一种原材料。
5 大火快炒2分钟后加入生抽、盐调味即可。

烹饪秘籍

切好的山药片在烹饪前可以放在清水中浸泡，不仅可以有效防止其因为接触空气而氧化变黑，还能去除其中的淀粉，令炒好的成品更爽脆。

• 营养贴士

香菇富含脂溶性维生素D，应尽量使用炒的方式来烹饪，也可以用含有油脂的肉类来搭配，这样便可以促进维生素D的吸收。

蒜蓉荷兰豆

—— 爽嫩清甜 ——

主料—荷兰豆250克 • 胡萝卜30克

辅料—蒜末20克 • 植物油2茶匙
└—蚝油2茶匙 • 盐1克

参考 —食材 ·············· 热量（千卡）
热量   荷兰豆250克··············75
        胡萝卜30克···············10
        蒜末20克················26
      └合计·················111

• 营养贴士

荷兰豆含有丰富的蛋白质、维生素A和膳食纤维，可以有效提高人体免疫力，维持骨骼强度，促进机体生长，并有效帮助消化，提高人体抵抗力。

大火快炒，保留了新鲜蔬菜的鲜绿色彩，也减少了维生素的流失，只需片刻，便可以尝到这新鲜的美味，从菜篮到餐桌，就是这么简单！

做法

1 荷兰豆择去豆筋、洗净后沥干水分，斜切成段。
2 胡萝卜洗净，沥干水分，切成菱形片待用。
3 锅里加入植物油，烧至五成热时下入荷兰豆，翻炒至其变色。
4 下入胡萝卜片、蒜末并翻炒炒匀。
5 加入蚝油和2汤匙清水，大火翻炒均匀后调入盐即可。

 烹饪秘籍

荷兰豆越鲜嫩，口感越好，在挑选时要选择豆粒较小且突出不明显的，并且豆筋较细的荷兰豆比较嫩，味道更好。

西芹木耳炒百合

营养全面

西芹、百合、木耳，三种颜色，三种口感，将美味和营养汇集在一盘菜中，让每一个品尝到它的人都会心一笑，这就是烹饪的最大魅力。

主料－西芹200克 • 泡发木耳50克
└─ 鲜百合30克

辅料－植物油2茶匙 • 蒜片5克 • 盐2克

参考热量

食材	热量（千卡）
西芹200克	26
泡发木耳50克	14
鲜百合30克	50
合计	90

• 营养贴士

木耳富含蛋白质、多糖、矿物质、维生素等营养素，有"菌中之冠"的美称，对提高人的免疫力有一定的作用。

烹饪秘籍

鲜百合口感甜糯，在购买时要尽量挑选颜色白、个头大的，鳞片大小均匀且肉质厚实的，这样的百合品质较好。

烹饪时间 **20**分钟
难易程度 **简单**

做法

1 西芹洗净、去根，斜切成段；泡发木耳撕成小朵；鲜百合洗净杂质。

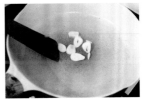

2 锅里加入植物油，烧至五成热时下入蒜片爆香。

3 下入西芹段，快速翻炒至其变色。

4 再依次下入木耳、百合，继续翻炒1分钟后调入盐并拌匀即可。

八宝菠菜

—— 丰富色彩 ——

烹饪时间 **15** 分钟

难易程度 **简单**

小小的菠菜却有大大的能量，坚果和玉米粒的加入丰富了色彩和口感，快来自己动手，让儿时关于"大力水手"的梦想在餐桌上实现吧！

主料－菠菜250克 • 熟玉米粒50克
　　└─熟花生仁30克 • 熟松子仁20克

辅料－蒜蓉5克 • 干辣椒段3克 • 米醋1汤匙
　　└─盐2克 • 植物油2茶匙

参考热量－食材 ⋯⋯⋯⋯⋯	热量（千卡）
菠菜250克 ⋯⋯⋯⋯⋯	70
熟玉米粒50克 ⋯⋯⋯⋯⋯	56
熟花生仁30克 ⋯⋯⋯⋯⋯	177
熟松子仁20克 ⋯⋯⋯⋯⋯	144
└合计 ⋯⋯⋯⋯⋯	447

做法

1 菠菜洗净、去根，放入沸水中焯水1分钟后捞出，立即放入冷水中冷却。

2 将冷却后的菠菜挤去多余水分，切成1.5厘米左右的小段。

3 将菠菜段、玉米粒、花生仁、松子仁放入大碗中混合，蒜蓉、干辣椒段放入小碗中混合。

4 植物油倒入锅中，烧至八成热时浇在蒜蓉和干辣椒段上并拌匀。

5 将米醋、盐调入混合好的菠菜中，再加入油泼好的蒜蓉，拌匀后装盘即可。

• 营养贴士

菠菜中的草酸含量很高，人体过量摄入会影响钙质的吸收，所以在烹饪前最好将菠菜焯水，这样易溶于水的草酸就会大幅减少。

──│ 烹饪秘籍 │──

菠菜含水量大，不易储存，如果一次买多了，可以用厨房纸轻轻包住叶片，再放入保鲜袋中，然后根部朝下，竖直放入冰箱，冷藏保鲜。

烹饪时间 **15**分钟
难易程度 **简单**

坚果玉米粒

美味多重奏

脆脆的坚果,甜甜的玉米,这样跨界的搭配在美食界倒是稀松平常,再顺手加一些胡萝卜,让颜色更加丰富漂亮吧!

主料 — 玉米粒220克 • 腰果仁30克
└── 松子仁30克 • 胡萝卜30克

辅料 — 植物油2茶匙 • 盐1克
└── 小葱花2克

参考热量 食材	热量（千卡）
玉米粒220克	246
腰果仁30克	168
松子仁30克	215
胡萝卜30克	10
合计	639

做法

1 胡萝卜洗净,切成小丁。

2 锅里加入植物油,烧至五成热时依次下入玉米粒、胡萝卜丁,翻炒至软。

3 下入腰果仁、松子仁,继续翻炒1分钟。

4 调入盐、小葱花并拌匀即可。

• 营养贴士

玉米富含卵磷脂、亚油酸、谷物醇、维生素E、膳食纤维等营养物质,能补充人体每日所需营养,特别适合老人、儿童和孕妇食用。

┤ 烹饪秘籍 ├

松子仁油脂较多,在温暖的环境中极易变质,产生有害物质,因此不要一次购买太多,买回来后可以分装成小袋,放入冰箱冷冻保存并尽快吃完。

藜麦火龙果奶昔

——— 热情似火 ———

红色的火龙果有着普通水果少见的浓郁色彩，不管跟什么搭配在一起，都能带给其他食材梦幻般的颜色，这便是天然植物色素的魅力，这火红的色彩就如同我们现在的生活一般。

主料－红心火龙果150克・酸奶200毫升
└─ 藜麦50克

辅料－薄荷叶2片

参考 食材 ⋯⋯⋯⋯ 热量（千卡）
热量
红心火龙果150克⋯⋯⋯⋯75
酸奶200毫升⋯⋯⋯⋯140
藜麦50克⋯⋯⋯⋯179
└─ 合计 ⋯⋯⋯⋯394

• 营养贴士

薄荷中含有薄荷醇，不仅味道清香，还能有效缓解腹痛、头痛、肌肉痛，并起到杀菌、利尿、助消化的作用，日常除作为香料使用外，还可以用于冲茶和调酒。

┤ 烹饪秘籍 ├

吃过红心火龙果后，大小便会呈现红色、粉色或黄色，这是由红心火龙果中的甜菜红素导致的，是很正常的生理状况，一般一两天后待其全部代谢完后就会恢复正常，不必过分担心。

做法

1 藜麦洗净，加入没过其表面的清水，放入沸水中蒸15分钟后取出冷却待用。

2 红心火龙果洗净、去皮，切成小块。

3 将红心火龙果、酸奶、冷却后的藜麦放入破壁机，打成均匀的奶昔。

4 将打好的奶昔倒入杯中，点缀上薄荷叶即可。

吃出
健康
系列

能量果蔬汁 / 营养辅食轻松做 / 好喝的粥 / 减脂轻食

蔬果沙拉 / 粗粮细做 / 像营养师一样吃晚餐 / 像她一样吃早餐 / 滋补靓汤 / 主食沙拉

一煲好汤 / 一碗好粥 / 元气素食 / 低卡饱腹健康餐 / 多吃蔬菜身体好 / 沙拉与果蔬汁

轻食沙拉纤体瘦身 / 24节气养生餐 / 沙拉与三明治 / 无烟小油轻食料理 / 减脂健康餐 / 诱人的减脂料理

0-3岁宝宝营养辅食全攻略 / 广式滋补靓汤 / 0-7岁聪明宝宝餐 / 给孩子吃的快手营养早餐 / 0-12岁孩子成长餐 / 手作健康零食

怀孕期营养食谱 / 汤汤水水滋养全家 / 汤水之爱 / 月子期营养食谱 / 低盐少糖健康料理 / 减肥就是好好吃饭 / 晚餐请吃七分饱

西餐轻松做

懒人厨房

烤箱料理

好吃懒做

懒人快手营养早餐

懒人下厨房系列

懒人下面条

花样烤箱料理

懒人健康菜

烤着吃才香

烤箱轻食

懒人快手做一餐

早午餐

米饭最佳拍档

米饭爱小炒

烘焙情书

好汤好菜

意面和比萨

不可一日无肉

家常美食系列

零失败家常菜

回家吃饭

一碗好酱 一桌好菜

蒸炖煮一本全

鱼 我所欲也

原汁原味好吃蒸菜

清粥小菜

麻辣鲜香煲嘴川菜

花样主食

爱吃馅

野餐便当

缤纷饮品

日料与韩餐

炒饭炒面

在家吃火锅

面包上的100种早餐

果汁 果酱

凉菜凉面

调好味做好菜

用对锅做好菜

图书在版编目（CIP）数据

萨巴厨房. 吃饱才能减肥 / 萨巴蒂娜主编 . — 北京：
中国轻工业出版社，2021.8

ISBN 978-7-5184-3569-2

Ⅰ．① 萨 … Ⅱ．① 萨 … Ⅲ．① 减 肥 – 食 谱
Ⅳ．① TS972.12

中国版本图书馆 CIP 数据核字（2021）第 127618 号

责任编辑：张 弘 责任终审：高惠京
整体设计：锋尚设计 责任校对：晋 洁 责任监印：张京华

出版发行：中国轻工业出版社（北京东长安街6号，邮编：100740）
印 刷：北京博海升彩色印刷有限公司
经 销：各地新华书店
版 次：2021年8月第1版第1次印刷
开 本：710×1000 1/16 印张：12
字 数：200千字
书 号：ISBN 978-7-5184-3569-2 定价：49.80元
邮购电话：010-65241695
发行电话：010-85119835 传真：85113293
网 址：http://www.chlip.com.cn
Email：club@chlip.com.cn
如发现图书残缺请与我社邮购联系调换
201649S1X101ZBW